中等职业教育国家规划教材

全国中等职业教育教材审定委员会审定

水 力 学 基 础

（水利水电工程技术专业）

主　　编　丁新求

责任主审　张勇传

审　　稿　莫乃榕

　　　　　徐学军

中国水利水电出版社

www.waterpub.com.cn

内 容 提 要

　　本书是为中等职业学校水利类重点建设专业——水利水电工程技术专业和农业水利技术专业编写的国家规划教材。全书共分为六章，内容包括绪论、水压力及其计算、水流运动的基本原理、恒定明渠水流、泄水建筑物的过水能力及泄水建筑物下游水流衔接与消能简介。

　　本教材在编写过程中，尽量做到注重实用、避难求易、浅入浅出、通俗易懂。

　　本书还可作为中等职业学校其它水利、土建类专业的教学用书，也可供水利工程技术人员短期培训时参考选用。

图书在版编目（CIP）数据

水力学基础/丁新求主编 . —北京：中国水利水电出版社，2002（2021.1重印）
中等职业教育国家规划教材
ISBN 978 - 7 - 5084 - 1323 - 5

Ⅰ. 水… Ⅱ. 丁… Ⅲ. 水力学—专业学校—教材 Ⅳ. TV13

中国版本图书馆 CIP 数据核字（2002）第 097128 号

书　　名	中等职业教育国家规划教材 **水力学基础**（水利水电工程技术专业）	
作　　者	主编　丁新求	
出版发行	中国水利水电出版社 （北京市海淀区玉渊潭南路 1 号 D 座　100038） 网址：www. waterpub. com. cn E - mail：sales@waterpub. com. cn 电话：（010）68367658（营销中心）	
经　　售	北京科水图书销售中心（零售） 电话：（010）88383994、63202643、68545874 全国各地新华书店和相关出版物销售网点	
排　　版	中国水利水电出版社微机排版中心	
印　　刷	天津嘉恒印务有限公司	
规　　格	184mm×260mm　16 开本　10.75 印张　255 千字	
版　　次	2003 年 1 月第 1 版　2021 年 1 月第 11 次印刷	
印　　数	31101—34100 册	
定　　价	**26.00 元**	

中等职业教育国家规划教材
出 版 说 明

为了贯彻《中共中央国务院关于深化教育改革全面推进素质教育的决定》精神，落实《面向21世纪教育振兴行动计划》中提出的职业教育课程改革和教材建设规划，根据教育部关于《中等职业教育国家规划教材申报、立项及管理意见》（教职成［2001］1号）的精神，我们组织力量对实现中等职业教育培养目标和保证基本教学规格起保障作用的德育课程、文化基础课程、专业技术基础课程和80个重点建设专业主干课程的教材进行了规划和编写，从2001年秋季开学起，国家规划教材将陆续提供给各类中等职业学校选用。

国家规划教材是根据教育部最新颁布的德育课程、文化基础课程、专业技术基础课程和80个重点建设专业主干课程的教学大纲（课程教学基本要求）编写，并经全国中等职业教育教材审定委员会审定。新教材全面贯彻素质教育思想，从社会发展对高素质劳动者和中初级专门人才需要的实际出发，注重对学生的创新精神和实践能力的培养。新教材在理论体系、组织结构和阐述方法等方面均作了一些新的尝试。新教材实行一纲多本，努力为教材选用提供比较和选择，满足不同学制、不同专业和不同办学条件的教学需要。

希望各地、各部门积极推广和选用国家规划教材，并在使用过程中，注意总结经验，及时提出修改意见和建议，使之不断完善和提高。

教育部职业教育与成人教育司

2002 年 10 月

前　言

　　本书是根据教育部《面向 21 世纪职业教育课程改革和教材建设规划》的精神，按教育部 2001 年审定的《水力学基础》教学大纲要求组织编写的国家规划教材。本教材适用于中等职业学校水利类重点建设专业——水利水电工程技术专业和农业水利技术专业。

　　本书还可作为中等职业学校其它水利、土建类专业的教学用书，也可供水利工程技术人员短期培训时参考选用。

　　为了贯彻教育部《关于全面推进素质教育，深化中等职业教育教学改革的意见》精神，本书在编写过程中，力求以培养学生的全面素质和综合职业能力为目标，注重实际应用，突出技能培养，尽可能满足中等职业教育人才培养的要求和体现中等职业教育的特点。

　　本教材在内容上，尽量做到避难求易、浅入浅出、通俗易懂。为了让学生能较好地巩固所学知识，书中各章均结合教学内容和水利水电工程实际，配有一定数量的例题和习题。

　　本书由长沙电力学院丁新求（第四、五、六章）、湖北水利水电职业技术学院罗景（第一、二章）、湖南省水利水电工程学校刘治映（第三章）编写。全书由丁新求主编。

　　本书经全国中等职业教育教材审定委员会审定，由华中科技大学张勇传院士担任责任主审，华中科技大学莫乃榕、徐学军副教授审稿，中国水利水电出版社另聘江西省水利水电学校孙道宗审阅了全稿，提出了许多宝贵意见，在此一并表示感谢。

　　由于编者水平有限，加之本次教材改革力度较大，时间仓促，不妥或纰缪之处在所难免，恳祈广大读者予以批评指正。

编　者

2002 年 8 月

目 录

出版说明

前 言

第一章　绪论 ……………………………………………… 1
　　第一节　水利工程中的水力学问题 ………………… 1
　　第二节　液体的基本特性及主要物理性质 ………… 2
　　第三节　水流运动的基本概念及分类 ……………… 6
　　习题 ………………………………………………… 10

第二章　水压力及其计算 ……………………………… 11
　　第一节　静水压强的基本规律 …………………… 11
　　第二节　静水总压力的计算 ……………………… 20
　　第三节　动水总压力的计算 ……………………… 31
　　习题 ………………………………………………… 34

第三章　水流运动的基本原理 ………………………… 39
　　第一节　恒定流的连续性方程 …………………… 39
　　第二节　恒定流的能量方程 ……………………… 42
　　第三节　恒定流的动量方程 ……………………… 53
　　第四节　水头损失及其计算 ……………………… 61
　　习题 ………………………………………………… 75

第四章　恒定明渠水流 ………………………………… 80
　　第一节　明渠均匀流 ……………………………… 80
　　第二节　明渠水流的两种流态及判别 …………… 90
　　第三节　水跌和水跃 ……………………………… 94
　　第四节　棱柱体明渠非均匀渐变流水面曲线的定性分析 … 99
　　第五节　棱柱体明渠非均匀渐变流水面曲线的计算 … 104
　　习题 ………………………………………………… 109

第五章　泄水建筑物的过水能力 ……………………… 112
　　第一节　孔口、管嘴出流 ………………………… 112
　　第二节　压力管道恒定流 ………………………… 116
　　第三节　堰流和闸孔出流 ………………………… 124
　　习题 ………………………………………………… 141

第六章　泄水建筑物下游水流衔接与消能简介 ……… 145
　　第一节　泄水建筑物下游水流衔接与消能措施 … 145

    第二节　衔接与消能水跃的选择及收缩断面水深的计算 ……………… 147

    第三节　底流消能的水力计算 ……………………………………… 150

    习题 ……………………………………………………………… 159

附录Ⅰ　梯形断面明渠底宽求解图 ……………………………………… 160

附录Ⅱ　梯形断面明渠正常水深求解图 ………………………………… 161

附录Ⅲ　梯形断面明渠临界水深求解图 ………………………………… 162

附录Ⅳ　梯形断面明渠共轭水深 ………………………………………… 163

主要参考文献 …………………………………………………………… 164

第一章 绪 论

第一节 水利工程中的水力学问题

水是维持一切生命活动不可替代的物质。自然界中任何物质都有二重性，水也不例外，它既能危害人类，又可造福人类。

水利工程的根本任务是除水害和兴水利。除水害主要是防止洪水泛滥和沥涝成灾。兴水利则是从多方面利用水利资源为人民造福，主要包括：灌溉、发电、供水、航运、养殖等。

为了满足防洪、灌溉和发电等方面的需要，往往要在河道上筑坝，挡蓄洪水，形成水库，如图1-1所示。水库的作用既可以控制下泄水量，减轻洪水对下游的危害，即防洪除水害；也可以蓄洪调枯，以丰补缺，并为发展灌溉、发电、供水、航运和养殖等兴利事业创造必要的条件。

图 1-1

为保证水利枢纽的安全运行，一般应设置溢洪道及泄洪闸。要引水利用必须修建输水隧洞、渡槽、渠道及倒虹吸管等建筑物。对于防洪工程，除建水库外，还可以采取加固、加高下游河道堤防、增设分洪道、利用洼淀湖泊蓄洪以及河道整治等措施。另外，从丰水地区向干旱缺水地区调水，即所谓跨流域调水工程（如南水北调工程），也是一种兴利的工程措施。

由于上述输水建筑物及防洪工程的修建，调整和改变了原有水流的状态，水流在其惯性的作用下，力图反抗固体边界的约束，这就形成了水流与各类固体边界之间在不同条件下的相互作用。这种相互作用的结果，一方面使得水流形成新的状态；另一方面也带来了一系列的水力学问题，如：在水库蓄水之后，坝体要承受巨大的水压力；根据水库水位的变化，泄水建筑物要合理地下泄相应的流量；有很小一部分水会在水压力的作用下经坝基和两岸向下游渗透；经溢洪道或泄洪闸等泄水建筑物下泄的高速水流对下游河床还可能造成冲刷等。这类水压力的计算、输水建筑物过流能力的计算、渗流量的确定以及泄水建筑物下游的消能防冲设施有关几何尺寸的确定等，都是水利工程中所必须解决的常见水力学问题。

要为水利工程的勘测、规划、设计、施工和运行管理等方面提供合理的水力计算依据，对具体工程而言，除应详细了解该工程存在哪些水力学问题外，还必须对解决这些问题的一些相关资料（如水文、地质资料等）进行全面的调查和科学的分析。

在水利工程中常见的水力学问题，归纳起来主要有以下几个方面：

（1）水力荷载。水工建筑物在使用过程中，要承受巨大的静水压力或动水压力，如坝身、闸门和管壁等。

（2）过水能力。水利枢纽中，一般常设有溢流坝、泄水闸等泄水建筑物，因此需要计算这些建筑物在各种条件下的过水能力。

（3）水流的能量损失。水流在通过水工建筑物时，都有机械能损失，因此需确定水流通过水电站、抽水站、管道、渠道时引起的能量损失的大小，并研究高效率消除高速水流中多余有害动能的消能防冲措施。

（4）水流形态。修建水工建筑物，改变了原有的水流状态，因此需要判别水流在各种水工建筑物中的流动形态和对工程的影响。

为了解决上述问题，必须研究水流运动的规律。只有对这些规律有透彻的了解，才能正确解决工程实际问题。由此可见，水力学是专门研究以水为代表的液体在静止和机械运动状态下的规律，并探讨运用这些规律解决工程实际问题的一门科学。

水力学基础主要从水力学的角度介绍一些水流运动的基本规律；工程实际中一些常见的水力学问题以及中小型水利工程水力计算的一些基本方法。

水力学虽以水为主要研究对象，但其基本原理同样适用于一般常见的液体和可以忽略压缩性影响的气体。水力学的基本内容不但在水利工程建设方面有着广泛的应用，并且在城市建设及环境保护、机械制造、石油开采、金属冶炼和化学工业等方面也都需要应用水力学知识。

第二节　液体的基本特性及主要物理性质

水力学的研究对象是液体，液体的运动规律，既与液体外部的作用条件有关，也与液体本身的内在性质有关。

一、液体的基本特性

研究液体的物理性质，首先必须了解液体的基本特征。

自然界的物质有固体、液体和气体三种存在形式。液体与固体的主要区别是：固体具有固定的形状，而液体没有固定的形状，很容易流动，即液体具有易流动性。液体与气体的区别是：气体没有固定的体积，能充满任何容器，不能形成自由表面，且易于压缩；而液体能保持一定的体积，还可能有自由液面，并且和固体一样能承受压力，不容易压缩，即液体具有不易压缩性。

由于水力学只研究液体宏观的机械运动，不研究液体的分子运动。因此，在水力学中，一般认为液体由质点组成，质点完全充满所占据的全部空间，质点之间没有空隙存在，其物理性质和运动要素都是连续分布的，即认为液体具有连续性。并认为液体具有均匀等向性，即液体是均质的，各部分和各方向的物理性质是完全相同的。

总之，在水力学中所研究的液体是具有连续性、易流动性、不易压缩性和均匀等向性等基本特性的液体。

二、液体的主要物理性质

液体运动状态的改变是受外力作用的结果，而任何一种力的作用都要通过液体本身的性质来实现，所以在研究液体运动规律之前，必须对液体的主要物理性质有所了解。

（一）质量与密度

1. 质量

物体中所含物质的数量，称为质量。

2. 密度

液体单位体积内所具有的质量称为液体的密度。对于均质液体其密度可用下式表示：

$$\rho = \frac{m}{V} \tag{1-1}$$

式中　　m——液体的质量，kg；

　　　　V——液体的体积，m^3；

　　　　ρ——密度，kg/m^3。

（二）重量与容重

1. 重力

地球对其它物体所产生的引力，称为重力或重量。在研究液体运动时，一般只考虑地球对液体的引力（重力），而不考虑其它物体对液体的引力作用。质量为 m 的液体所受的重力为

$$G = mg \tag{1-2}$$

式中　　G——液体的重量，N 或 kN；

　　　　g——重力加速度，一般取 $g = 9.8 m/s^2$。

2. 容重

液体单位体积内所具有的重量称为液体的容重，对于均质液体其容重可用下式表示：

$$\gamma = \frac{G}{V} \tag{1-3}$$

式中　　γ——容重，N/m^3 或 kN/m^3。

将式（1-3）两端同除以体积 V，可得密度与容重的关系式为

$$\gamma = \rho g \tag{1-4}$$

水的密度和容重随温度、压强而有所改变，但在一般情况下，可视为常数。在一个标准大气压下，温度为 4℃ 时，水的密度及容重分别为 $\rho = 1000\mathrm{kg/m^3}$，$\gamma = 9800\mathrm{N/m^3} = 9.8\mathrm{kN/m^3}$。水在不同温度时的容重和密度见表 1-1。

【例 1-1】 求在一个大气压下，温度 $t=4℃$，体积 $V=1\mathrm{L}$ 的水的重量和质量。

解： 已知水的体积 $V=1\mathrm{L}=0.001\mathrm{m^3}$，密度 $\rho = 1000\mathrm{kg/m^3}$，容重 $\gamma = 9800\mathrm{N/m^3}$。应用式（1-1）可得质量为

$$m = \rho V = 1000 \times 0.001 = 1 \text{ kg}$$

应用式（1-3）可得水的重量为

$$G = \gamma V = 9800 \times 0.001 = 9.8 \text{ N}$$

（三）粘滞性

1. 粘滞性

液体运动时若液层之间存在着相对运动，则液层间就要产生一种内摩擦力来抵抗其相对运动，如图 1-2（b）所示。这种性质称为液体的粘滞性，此内摩擦力称为粘滞力。粘滞性是液体固有的物理属性，只有当液层之间存在着相对运动时才能显示出来，静止液体是不显示粘滞性的。

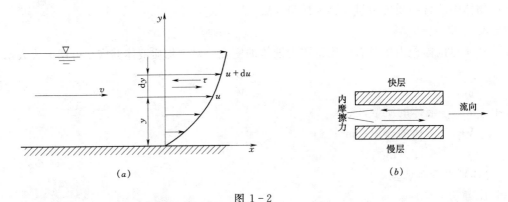

图 1-2

液体在运动过程中，由于克服内摩擦阻力及液体与固体边壁间的阻力做功，从而使液体产生机械能消耗，这种机械能消耗称为能量损失。由此可见，粘滞性是运动液体产生能量损失的根源。

2. 牛顿内摩擦定律

实验证明：液体内摩擦规律与固体外摩擦规律不同，流层间单位面积上的内摩擦力即粘滞切应力的大小，与接触面的正压力无关，其大小与液体的性质及液流流层间速度的变化有关。粘滞切应力 τ 可表示为

$$\tau = \mu \frac{\mathrm{d}u}{\mathrm{d}y} \tag{1-5}$$

式中 $\dfrac{\mathrm{d}u}{\mathrm{d}y}$——流速梯度，$1/\mathrm{s}$；

τ——液体流层间的粘滞切应力，Pa；

μ——动力粘度，$\mathrm{N \cdot s/m^2}$，即 $\mathrm{Pa \cdot s}$。

式（1-5）即称为牛顿内摩擦定律。

3. 粘度

液体的动力粘度 μ 反映了液体粘滞性的大小，μ 值愈大，液体的粘滞性愈强。不同的液体，其动力粘度 μ 不同。同一种液体，μ 值也随温度的升高而减小。

在水力学中，液体的粘滞性也可用动力粘度 μ 与密度 ρ 的比值表示，即

$$\nu = \frac{\mu}{\rho} \tag{1-6}$$

式中　ν——液体的运动粘度，m^2/s。

不同温度下水的动力粘度 μ 及运动粘度 ν 见表1-1。

表1-1　　　　　　　　　不同温度下水的物理性质数值表

温　度 （℃）	容　重 γ （kN/m^3）	密　度 ρ （kg/m^3）	动力粘度 μ （$10^{-3}Pa \cdot s$）	运动粘度 ν （$10^{-6}m^2/s$）
0	9.805	999.9	1.781	1.785
5	9.807	1000.0	1.518	1.519
10	9.804	999.7	1.307	1.306
15	9.798	999.1	1.139	1.139
20	9.789	998.2	1.002	1.003
25	9.777	997.0	0.890	0.893
30	9.764	995.7	0.798	0.800
40	9.730	992.2	0.653	0.658
50	9.689	988.0	0.547	0.553
60	9.642	983.2	0.466	0.474
70	9.589	977.8	0.404	0.413
80	9.530	971.8	0.354	0.364
90	9.466	965.3	0.315	0.326
100	9.399	958.4	0.282	0.294

粘滞性对液体的影响极为重要，也给研究水流运动增加了困难。有时，为了简化问题便于进行理论分析，在研究液体运动时常先假设液体没有粘滞性。这种没有粘滞性的液体称为理想液体，而具有粘滞性的液体称为实际液体。根据理想液体的概念研究液体的运动规律，再考虑粘滞性的影响加以修正，然后应用到实际液体中去。

（四）压缩性和表面张力特性

液体可以承受压力，不能承受拉力。液体在压力作用下，体积缩小的特性，称为液体的压缩性。在一般情况下，水的体积压缩量不大。增加一个大气压，水的体积缩小约为1/21000，因此在一般的水力计算中，水的压缩性可不予考虑，即认为水是不可压缩的。但对某些特殊情况，就必须考虑水的压缩性。如水电站高压管道中的水流，当电站出现事故，阀门突然关闭后，管道中的压力急剧升高，液体受到压缩，由此产生的影响就不能忽略。

在液体分子之间的引力作用下，使液体的自由表面上或液体与固体（或气体）分界面附近的液体表面产生微小张力的特性，称为表面张力。表面张力很小，在水力计算中一般不考虑。但在水力学实验室中，常采用盛水或水银的细玻璃管作测压管，量测压强或水

位，当管径较小时应考虑表面张力的影响。因此，一般要求测压管的管径 $d > 10\text{mm}$ 为宜。

在水力学基础中，考虑到教学要求，忽略液体的表面张力特性和压缩性，即认为液体是不存在表面张力且不可压缩的。换句话说，在水力学基础中所研究的液体是连续的、容易流动的、没有表面张力且不可压缩的均质液体。

第三节 水流运动的基本概念及分类

无论是在自然界或工程实际中，许多情况下水流均处在运动状态。水流的运动状态和运动形式是很复杂的，除受自身内在规律的支配外，还要受边界条件的制约。尽管如此，液体在作机械运动时，仍要服从于一般物体运动的普遍规律。如质量守恒定律、能量守恒定律和动量定律等。

复杂的水流现象，可用流速、加速度及动水压强等物理量来描述。这些物理量称为水流的运动要素。为便于研究运动要素随时间、空间的变化规律，应先了解水流运动的一些基本概念及分类。

一、流线与过水断面

（一）流线

流线是人们假想的用来描述流动场中某一瞬时所有水流质点流速方向的光滑曲线。即位于流线上的各水流质点，其流速的方向都与该质点在该曲线上的点的切线方向一致，如图 1-3 所示。流线既不能是折线，也不能彼此相交。可见，流线上的水流质点，都不能有横越流线的流动。

有了流线的概念，就能用它来描述水流现象。图 1-4、图 1-5 分别表示水流经过溢流坝和泄水闸时，用流线所描绘的流动情形，可清楚地看出水流运动的总体规律。

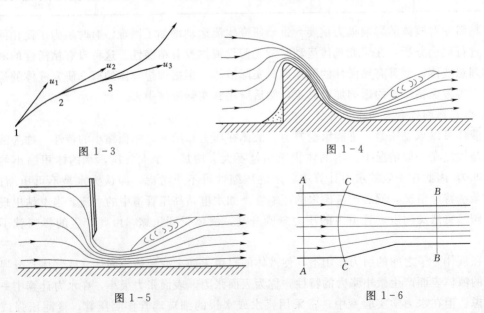

图 1-3

图 1-4

图 1-5

图 1-6

（二）过水断面

垂直于水流流向（即流线）的横断面称为过水断面。过水断面可以是平面，也可以是曲面，与流线分布情况有关，如图 1-6 所示。图中 $A—A$ 及 $B—B$ 过水断面为平面，$C—C$ 过水断面为曲面。过水断面的面积用 A 表示。

应当指出，组成过水断面的周界可能全是固体边界，如图 1-7（c）所示；也可能一部分是固体边界，另一部分是自由液面，如图 1-7（a）、（b）、（d）所示。

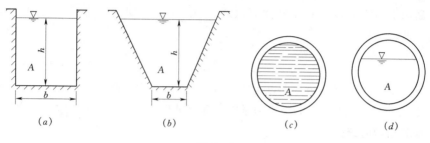

（a）　　　　　　（b）　　　　　　（c）　　　　　　（d）

图 1-7

过水断面上与水流相接触的固体边界周长称为湿周，用 χ 表示。过水断面面积 A 与湿周 χ 之比称为水力半径，用 R 表示，即

$$R = \frac{A}{\chi} \qquad\qquad (1-7)$$

式中　A——过水断面的面积，m^2；

　　　R——水力半径，m；

　　　χ——湿周，m。

在水力学中，把 A、R、χ 称为过水断面的水力要素。

二、流量与断面平均流速

（一）流量

单位时间内流过过水断面的水体体积称为流量，以 Q 表示。

泄水建筑物过流能力的大小就用流量来描述。显然，当流速一定时，过水断面愈大则流过的水量愈多；当过水断面一定时，水流的速度愈大则流过的水量就愈多。

由于粘滞性的影响，过水断面上各点的实际流速是不相同的，例如管道中靠近管壁处流速小，而中间流速大，如图 1-8（a）所示。根据流量的定义，管道过水断面上的流量应为过水断面上各点实际流速分布图形的体积，如图 1-8（b）所示。为计算方便，工程

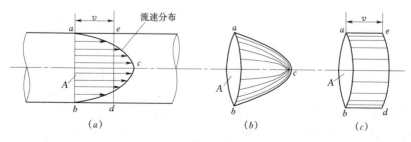

（a）　　　　　　（b）　　　　　　（c）

图 1-8

上常用断面平均流速 v 代替断面上各点的实际流速 u，即认为断面上各点的流速都等于 v。显然，用断面平均流速计算的流量与用实际流速算出的流量是相等的，如图 $1-8$（c）所示。由此可得

$$Q = vA \tag{1-8}$$

式中　Q——流量，m^3/s；

　　　v——断面平均流速，m/s。

（二）断面平均流速

过水断面上的流量 Q 与过水断面面积 A 之比，称为过水断面的平均流速，简称断面平均流速，即

$$v = \frac{Q}{A} \tag{1-9}$$

应当指出，断面平均流速并不是断面上的实际流速，但用它既可以简化计算，又具有一定的实用意义。式(1-8)、式(1-9)是水力学中计算流量和断面平均流速的常用公式。

三、水流运动的分类

在实际工程中，由于边界情况是各式各样的，这就使水流运动具有多种多样的形式。各种运动要素（如流速、压强等）受到边界条件及水流本身特性的影响而不断变化。为便于研究水流运动的变化规律，必须对水流运动加以分类。

（一）恒定流与非恒定流

在水流的流动空间上，任一固定空间点处的运动要素不随时间发生变化的水流，称为恒定流；反之，称为非恒定流。

如图 $1-9$ 所示，水从水箱的孔中流出，如水箱内的水不断补充且水位保持不变，则小孔的射流也将保持不变，流动空间上各固定空间点的速度及压强等运动要素也不随时间而变化。这种水流就是恒定流。

如图 $1-10$ 所示，水箱充满后关掉进水阀，则随着时间的推移水箱水位不断下降，从而小孔的射流也会愈来愈低，射流的位置及各点的流速、压强等运动要素随着时间的推移都发生了变化。这种水流便是非恒定流。

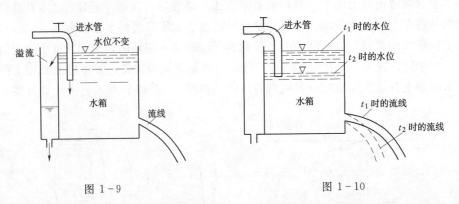

图 $1-9$　　　　　　　　　　　　　　　　图 $1-10$

对恒定流来说，由于任一固定空间点上的运动要素不随时间而变化，所以其流线也是不随时间而变化的。但对非恒定流来说，由于任一固定空间点上的运动要素随时间而变化，故不同时刻有不同的流线。可见非恒定流是非常复杂的，本书只介绍恒定流动问题。

一般说来，实际水流多为非恒定流，极少为恒定流。但在水利工程实践中，只要水流运动要素在相当长的时段内时间平均值基本不变，或者随时间的变化非常缓慢，就可以按恒定流来进行计算。

（二）均匀流与非均匀流

在流动过程中，水流的运动要素沿流程不变的水流，称为均匀流；反之，称为非均匀流。

均匀流的特点是：流线为彼此平行的直线，与流线垂直的过水断面为一平面且大小沿流程不变。因此，也有人定义：流线为平行直线的水流叫均匀流；反之，称为非均匀流。

从流线的形状看，非均匀流有以下三种形式：

（1）流线虽然是直线，但相互不平行，相邻流线之间有夹角。

（2）流线彼此平行，但流线弯曲。

（3）流线既不是直线，也不平行。

如河道的宽窄深浅沿流程有所不同，流速也必然沿流程有所变化，则属于非均匀流。在比较长直、断面不变、底坡不变的人工渠道或直径不变的长直管道里，除入口和出口外，其余部分的流速在各断面都一样，则这种水流是均匀流。

（三）渐变流与急变流

为便于研究水流运动，将非均匀流分为两种类型，即：渐变流和急变流。

水流流线间的夹角很小，流线的弯曲不大，流线近似为平行直线的水流，称为渐变流；否则，称为急变流。如图 1-11 所示。

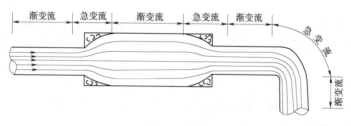

图 1-11

1. 渐变流的特性

根据渐变流的定义可知，渐变流具有如下特性：

（1）因渐变流的流线近似为平行直线，故渐变流的过水断面近似为平面。

（2）在渐变流中，由于流线的弯曲很小，水流的离心惯性力可以忽略不计，于是沿着渐变流的过水断面上，作用于水流各质点的力只有压力和重力。过水断面上的受力状况与静水时的受力状况相同。

2. 急变流的特性

因急变流和渐变流是两个完全相反的概念，故急变流与渐变流具有完全不同的特性：

（1）因流线间的夹角较大，而过水断面要与流线（即水流方向）垂直，所以急变流的过水断面不是平面。

（2）流线的弯曲较大，作用于水流各质点的力除了重力和压力外，还具有不能忽略的离心惯性力，因而其过水断面的受力状况与静水时的受力状况不同。

（四）有压流与无压流

根据水流运动的受力情况，水流运动可以分为有压流和无压流。

在无自由表面的固体边界内流动的水流，称为有压流。有压流又称为管流。如充满整个管道或隧洞断面的水流就是有压流。有压流的特点是：没有自由水面，过水断面上的压强一般都不等于大气压强；在流动过程中，水流要克服阻力而消耗机械能，所以有压流是在压力和阻力的共同作用下流动的。输送有压流的管道称为压力管道。如自来水管道、水电站的压力隧洞或压力钢管以及抽水机装置中的吸水管、压水管等，都属于压力管道。

在具有自由表面的固体边界内流动的水流，称为无压流。无压流又称为明渠水流。如天然河道、人工渠道等具有自由水面的水流，都是无压流。无压流的特点是：具有自由水面，水面的压强等于大气压强；在流动过程中，水流也要克服阻力而消耗机械能，所以无压流是在重力和阻力的共同作用下流动的。

习　　题

1-1　什么是水力学？

1-2　液体的基本特性是什么？

1-3　什么叫液体的粘滞性？在什么条件下才能显示粘滞性？

1-4　在一个大气压的作用下，温度 $t=4℃$，体积 $V=500L$ 的水，它的重量和质量各有多大？

1-5　已知体积 $V=0.5m^3$ 水银，质量 $m=6800kg$，试求水银的容重和密度。

1-6　已知海水的容重 $\gamma=10000N/m^3$，若以 N/L 及 N/cm^3 来表示，其容重各为多少？

1-7　已知酒精的容重 $\gamma=7760N/m^3$，它的密度应为多少？

1-8　什么叫流线？实际水流中存在流线吗？流线有哪些特点？

1-9　水流运动有哪些类型？它们之间的关系是怎样的？

1-10　什么叫过水断面、流量和断面平均流速？实际水流会以断面平均流速流动吗？

1-11　试分别叙述渐变流与急变流的定义及其特性。

第二章 水压力及其计算

第一节 静水压强的基本规律

一、静水压力与静水压强

（一）静水压力

静止是运动的特殊状态。水也有静止和运动两种状态。水处于静止状态时所产生的压力叫静水压力，静水压力用 F 表示。

（二）静水压强

1. 平均压强

单位面积上所承受的静水压力称为受压面上的平均静水压强，简称为平均压强，平均压强可表示为

$$\overline{p} = \frac{F}{A} \tag{2-1}$$

式中　　$\overline{p}$——平均压强，Pa、kPa；

　　　　F——受压面上的静水总压力，N、kN；

　　　　A——受压面的面积，m^2。

2. 点压强

用式（2-1）计算出的静水压强，表示某受压面单位面积上受力的平均值。它只有在均匀受力的情况下，才真实地反映了受压面各处的受压状况。通常受压面上的受力是不均匀的，所以用上式计算出的平均压强，不能代表受压面上各点的受压状况。为使式（2-1）具有更加普遍的意义，下面介绍点压强的概念。

在一盛水容器中任取一点，可以这样理解，该点的静水压强就是以这点为中心，在它周围一块极小的面积 ΔA 上静水压力为 ΔF，显然当 ΔA 趋近于零（一个点）时，ΔA 上静水压力 ΔF 的平均值就是该点的压强，点压强用 p 表示。以后，凡提到的压强，若无特别说明，均指点压强。

3. 静水压强的特性

实验表明，静水压强具有如下两个基本特性：

（1）静水内部任何一点各方向的压强大小是相等的，即静水压强的大小与受压面的方位无关。由液体的基本特性可知，水是均质的，又是各向同性的，即水在各部分和各个方向的物理性质是相同的，因而静水压强与受压面的方位无关。

（2）静水压强的方向永远垂直且指向受压面。不难理解，如果静水压强不与受压面垂直。则相应的静水压力也不垂直受压面。因此，该压力就必然可以分解成一个垂直于受压面的分力和一个平行于受压面的分力。若平行于受压面的分力不等于零，水流就会发生平

行于受压面的相对运动。但水体是静止的，不存在任何方向的相对运动，即平行于受压面的分力必等于零，故静水压力是垂直于受压面的。所以，相应的静水压强也一定是垂直于受压面的。同时，静止水体不能承受拉力，只能承受指向受压面的压力。也就是说，静水压强的方向是垂直且指向受压面的。

静水压强与静水压力都是用来表示静水中的压力状况的，但它们是两个不同的概念，单位也不相同。

如图 2-1 所示的挡水坝，边壁转折处的 A 点，对不同方位的受压面来说，其静水压强的作用方向不同（各自垂直于它的受压面），但静水压强的大小是相等的，即 $p_1 = p_2$。

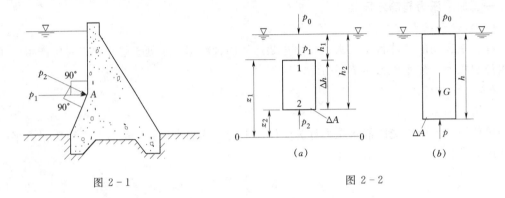

图 2-1   图 2-2

二、静水压强基本规律

（一）静水压强基本方程

在工程实际或日常生活中，许多液体都处于相对于地球没有运动的静止状态。对于这种静止状态下的液体，作用在液体上的质量力（大小与液体质量的大小成正比的力）只有重力而没有惯性力。下面讨论在质量力只有重力作用下的静止液体的平衡问题。

图 2-2（a）为仅在重力作用下处于静止状态下的水体。水体的表面压强为 p_0。在水面下铅直线上取任意两点 1、2，现研究 1、2 两点压强 p_1、p_2 的关系。围绕 2 点取微小面积 ΔA，并以 ΔA 为底、Δh 为高的铅直小水柱为脱离体，对该小水柱作受力分析如下：

（1）小水柱的自重 G。$G = \gamma \Delta V = \gamma \Delta h \Delta A$，方向铅直向下。

（2）小水柱顶面上的水压力 F_1。由于 ΔA 很小，故可认为该面积上各点的压强是相等的，所以作用在小水柱顶面上的水压力 $F_1 = p_1 \Delta A$，方向铅直向下。

（3）小水柱底面上的水压力 F_2。同理，作用在小水柱底面上的水压力 $F_2 = p_2 \Delta A$，方向铅直向上。

（4）小水柱周围侧面上的水压力。因为小水柱的侧面均为铅直面，侧面所受水压力均为水平力，而小水柱处于静止状态，侧面上水压力的合力为零。

由于小水柱在铅直方向上没有运动，说明小水柱在铅直方向上所受的力是相互平衡的。根据静力平衡原理，作用在静止小水柱上向上的力必然等于向下的力，即

$$F_2 = F_1 + G$$

或

$$p_2 \Delta A = p_1 \Delta A + \gamma \Delta h \Delta A$$

12

等式两端同除以 ΔA，可得 1、2 两点压强的基本关系式为

$$p_2 = p_1 + \gamma \Delta h \qquad (2-2)$$

或

$$p_2 - p_1 = \gamma \Delta h \qquad (2-3)$$

上式表明：1、2 两点的压强差等于作用在单位面积上、高度为 Δh 的水柱的重量，因此称 $\gamma \Delta h$ 为液重压强。显然，水中深处的静水压强比浅处的静水压强大。

若根据表面的压强 p_0 推算水面下深度为 h 的任意一点的静水压强 p，如图 2-2（b）所示。此时 $h_1 = 0$、$h_2 = \Delta h = h$、$p_1 = p_0$、$p_2 = p$，由式（2-2）得

$$p = p_0 + \gamma h \qquad (2-4)$$

式（2-4）是常见的在重力作用下静水压强的基本方程式。利用它可以求出静止水体中任一点的压强值。

静水压强的基本方程表明：①在静水中，任一点的压强 p 等于表面压强 p_0 与该点的液重压强（γh）之和；②静水压强沿水深呈线性分布。

由式（2-4）可以看出：在静止液体中，表面压强 p_0 可以不变大小地传到液体内部的每一个点上，这就是物理学中的帕斯卡原理。静止液体中压强的传递特性是制作油压千斤顶、水压机等许多液压机械的基本原理。

式（2-4）还表明，位于同一深度（h=常数）的各点具有相等的压强值，也就是重力作用下的静止液体其等压面是水平面。也可以说：在均质、连通、同类的静止液体中，水平面是等压面，这就是常说的连通器原理。

静水压强基本方程式（2-4）同样反映了其它液体在静止状态下的规律，其区别仅在于容重 γ 的不同。几种常见的液体和空气的容重 γ 见表 2-1。

表 2-1 常见流体的容重

流体名称	温度（℃）	容重（kN/m³）	流体名称	温度（℃）	容重（kN/m³）
蒸馏水	4	9.8	水银	0	133.28
普通汽油	15	6.57～7.35	润滑油	15	8.72～9.02
酒精	15	7.74～7.84	空气	20	0.0188

（二）绝对压强、相对压强、真空

压强 p 的大小可以从不同的基准算起，因而有不同的表示方法。

1. 绝对压强

以完全没有气体存在的绝对真空为零点计算的压强称为绝对压强，以符号 p_J 表示。当自由液面为大气压强 p_a 时，即 $p_0 = p_a$，由式（2-4）即得静水中任意一点的绝对压强为

$$p_J = p_a + \gamma h \qquad (2-5)$$

2. 相对压强

在水利工程中，水流表面或建筑物表面多为大气压强 p_a，为简化计算，水力学中常采用当地大气压为零作为压强计算的基准。

以当地大气压为零点计算的压强称为相对压强，以符号 p 表示。则有

$$p = p_J - p_a \qquad (2-6)$$

以后讨论压强或具体进行压强计算时，除特殊说明外，一般均指相对压强。

水利工程中计算静水压强时，因大气压均匀地作用于建筑物的表面（例如，闸门两侧都受有大气压作用，它们自相平衡），一般不考虑作用于水面上的大气压强，只计算超过大气压强的压强数值。这样，当表面压强为大气压强，即 $p_0 = p_a$ 时，静水压强基本方程可表示为

$$p = \gamma h \qquad (2-7)$$

绝对压强的数值总是正的，而相对压强的数值要根据该压强大于或小于当地大气压来决定正负。图 2-3 为用几种不同方法表示的压强值的关系。由此可见，绝对压强基准与相对压强基准之间相差一个当地大气压。

3. 真空及真空值

如果液体中某处的绝对压强小于当地大气压强，则相对压强为负值，此时的相对压强称为负压，并称该处存在着真空。

先从实验来认识真空现象。若在静止的水中插入一个两端开口的玻璃管，如图 2-4 中的管 1。这时管内外的水面必在同一高度。如把玻璃管的一端装上橡皮球，并把球内的气排出，再放入水中，如图 2-4 中的管 2。这时，管 2 内的水面高于管外的水面，说明管内水面压强 p_0 已小于一个当地大气压。根据静水压强的基本方程可知

$$p_0 + \gamma h_v = p_a = 0$$

即

$$p_0 = -\gamma h_v$$

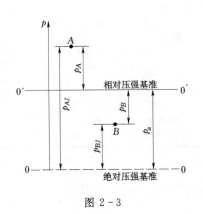

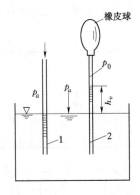

图 2-3   图 2-4

当某点存在真空时，该点绝对压强小于当地大气压强的数值，称为真空值或真空压强，以符号 p_v 表示。真空值是真空大小的度量。显然，真空值、绝对压强和相对压强三者之间的关系可表示为

$$p_v = p_a - p_J = -p \qquad (2-8)$$

因容重 γ 是常数，真空值也可以用相当的水柱高度表示，称为真空高度，以 h_v 表示：

$$h_v = \frac{p_v}{\gamma} = \frac{p_a - p_J}{\gamma} \qquad (2-9)$$

真空高度 h_v 实际上就是存在真空的点高于自由水面的高度。

水泵装置（抽水机）能把水从低处抽到高处，就是利用了真空这个原理。

特别要注意的是：真空压强不能过大、应限制在一定的范围内，否则对工程不利。从理论上说，完全真空时 $p_J=0$，最大真空高度 $h_v=p_a/\gamma$，相当于 10m 水柱高。

最后指出，由于当地大气压 p_a 随当地的气候、地理位置等环境的不同而变化。因此，在实际工程中，为了便于计算、统一标准，一般将当地大气压 p_a 近似取为

$$1\,p_a=98\ \text{kPa}$$

并将当地大气压简称为大气压。

【例 2-1】 图 2-5 为一底部水平侧壁倾斜的盛水槽，已知侧壁倾角为 30°，被水淹没部分的壁长 $L=6$m，自由面上为大气压强 $p_a=98\text{kN/m}^2$。试求水槽底板上各点的绝对压强和相对压强。

解： 盛水槽底板为水平面，故为等压面，底板上各点的压强相等。底板在水面下的淹没深度为

$$h=L\sin30°=6\times0.5=3\ \text{m}$$

应用式（2-5）及式（2-7），计算水槽底板上各点的压强如下：

各点的绝对压强为

$$p_J=p_a+\gamma h=98+9.8\times3=127.4\ \text{kPa}$$

各点的相对压强为

$$p=\gamma h=9.8\times3=29.4\ \text{kPa}$$

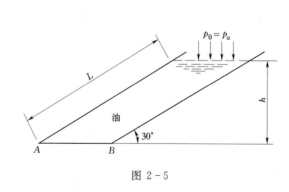

图 2-5

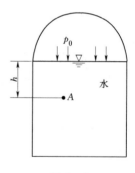

图 2-6

【例 2-2】 在一个封闭容器内装有水，如图 2-6 所示。其自由表面的压强 $p_0=68.6\text{kPa}$（绝对压强）。求水面下 $h=2$m 处 A 点的绝对压强、相对压强及真空值。

解：（1）A 点的绝对压强。由式（2-5）得

$$p_J=p_0+\gamma h=68.6+9.8\times2=88.2\ \text{kPa}$$

（2）A 点的相对压强。由式（2-6）得

$$p=p_J-p_a=88.2-98=-9.8\ \text{kPa}$$

（3）A 点的真空值。由式（2-8）得

$$p_v=p_a-p_J=98-88.2=9.8\ \text{kPa}$$

上述计算结果表明，容器内 A 点产生负压，或称 A 点产生了真空。

（三）位置水头、压强水头、测压管水头

静水压强基本方程式中，任意一点的位置是从水面往下计算的，用水深表示。若取共同的水平面 0-0 为基准面，由图 2-2（a）可以看出：$\Delta h = z_1 - z_2$，代入式（2-3），则有

$$p_2 - p_1 = \gamma(z_1 - z_2)$$

即

$$z_1 + \frac{p_1}{\gamma} = z_2 + \frac{p_2}{\gamma} \qquad (2-10)$$

式中　z_1、z_2——1、2 两点的位置高度，m；

$\dfrac{p_1}{\gamma}$、$\dfrac{p_2}{\gamma}$——1、2 两点压强的液柱高度，m。

上式说明：在重力作用下，静止液体中不论哪一点的（$z + p/\gamma$）总是相等的，也可以说总是一个常数。在一个容器的侧壁上打一小孔，接上开口玻璃管与大气相通，就形成一根测压管。如果容器内装的是静止的液体，液面为大气压，则测压管无论连在哪一点上，测压管内的液面都是与容器内的液面齐平的，如图 2-7 所示。如基准面为 0—0，测压管液面到基准面的高度由 z 和 p/γ 两部分组成，z 表示该点位置到基准面的高度，p/γ 表示该点压强的液柱高度。在水力学中常用"水头"代表高度，所以 z 又称位置水头，p/γ 又称压强水头，而（$z + p/\gamma$）称为测压管水头。由于 1、2 两点的位置是任意的，不难看出，式（2-10）可表示为

$$z + \frac{p}{\gamma} = C（C \text{ 为常数}） \qquad (2-11)$$

式（2-11）表明：在静止、均质、连通的液体中，各点的测压管水头等于同一个常数。

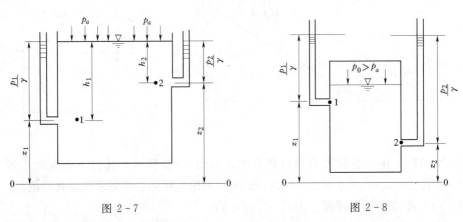

图 2-7　　　　　　　　　　　　　图 2-8

如果容器内液面压强 p_0 大于或小于大气压强，则测压管内的液面会高于或低于容器液面，但不同点的测压管水头仍是常数。即各点的测压管液面位于同一水平面上，如图 2-8 中的 1 点和 2 点所示。

由于 z、p/γ 及 $z + p/\gamma$ 均为长度单位，它们的大小都可以用一段几何高度来表示，故上面所介绍的是各项的几何意义。

下面进一步说明位置水头、压强水头和测压管水头的物理意义。

位置水头 z 表示的是单位重量液体从某一基准面算起所具有的位置势能，简称为单位位能。由物理学知道：把重量为 G 的物体从基准面移到高度 z 后，该物体所具有的位能是 $G \cdot z$。因此其单位位能为 $G \cdot z / G = z$。它具有长度的单位。基准面不同，z 值也不同。

压强水头 p/γ 表示的是单位重量液体所具有的压力势能，简称为单位压能。如果液体中某点的压强为 p，在该处安装测压管后，重量为 G 的液体，在该点压强 p 的作用下，其测压管液面上升的高度为 p/γ。此时压力抵抗重力 G 对该点液体所作的功（即该点具有的压力势能）为 $G \cdot (p/\gamma)$，所以其单位压能为 $G \cdot (p/\gamma)/G = p/\gamma$。单位压能也具有长度的单位，大小与压强的大小有关。

因为单位位能 z 和单位压能 p/γ 均为势能，故 $z + p/\gamma$ 称为单位势能。

显然，式（2-11）表明：在静止、均质、连通的液体中，各点的单位势能等于同一个常数。

三、压强的量测

在工程上或实验室中，量测压强的仪器一般有液体测压计、金属压力表和非电量电测仪等。下面我们仅介绍一些利用静水力学原理设计的液体测压计。

（一）测压管

最简单的测压管就是如图 2-9 所示的一根开口玻璃管，若需测管道中 A 点的压强，只要测出管道上所接测压管的高度 h_A，即得 A 点压强的大小为

$$p_A = \gamma h_A$$

对于较小的压强值，为提高量测精度，可以用加大标尺读数的办法。例如需测管道中 B 点的压强，则将玻璃测压管倾斜与管道连接，见图 2-10 所示。此时标尺读数为 L_B，而测压管的高度为垂直高度 h_B，随着倾斜角度 α 的不同，L_B 比 h_B 放大的倍数也不同，可以得出

$$p_B = \gamma h_B = \gamma L_B \sin\alpha \tag{2-12}$$

另外，也可以在测压管内放轻质而又和水互不混掺的液体，容重为 $\gamma' < \gamma$，则同样的压强值 p 可以有较大的水柱高度 h，从而提高压强的量测精度。

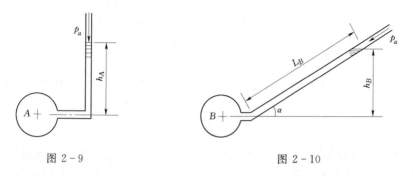

图 2-9　　　　　　　　　　　　　图 2-10

前面已经提到，为了避免由表面张力所引起的毛细管现象的影响，测压管的内径 d 不宜太小，一般应 $d > 10$mm。测压管的优点是简单、直观、制作成本低；缺点是不能量测较大的压强。当压强超过 19.6kN/m^2 时，则需要长度 2m 以上的测压管，使用很不

方便。

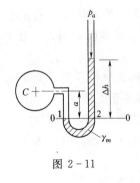

图 2-11

（二）水银测压计

当所量测的压强较大时，一般采用 U 形水银测压计。

水银测压计的构造也很简单，就是将装有水银的 U 形测压管安装在需要量测压强的器壁上，管子一端与大气相通，如图 2-11 所示。

根据连通器原理，在均质、连通、同类的液体中，水平面是等压面；而对于盛于同一容器中不同类的液体，两种液体的分界面为等压面。显然，图 2-11 中的 1-2 为等压面，即 $p_1 = p_2$。由图可得，1、2 两点的压强分别为

$$p_1 = p_c + \gamma a$$

$$p_2 = \gamma_m \Delta h$$

即有

$$p_c + \gamma a = \gamma_m \Delta h$$

则

$$p_c = \gamma_m \Delta h - \gamma a \tag{2-13}$$

在测压计上量得 Δh 和 a 值，即可求得 c 点压强。

（三）压差计

为了量测液体中某两点的压强差，可在两测点分别安装两根测压管并排放在一起，顶部连通，根据量测读尺的需要，由顶部通气阀调节压差计的液面压强，造成 $p_0 > p_a$ 或 $p_0 < p_a$ 的条件后，关闭顶部通气阀，形成压差计。这时从测压管得不出任何一点的压强值，但可根据等压面原理，得出该两点的压强差。

图 2-12 为接在管道 A、B 两点上的空气压差计。一般情况下空气的容重只有水的 1/800，若空气柱高不大时，可忽略高度为 h 的空气柱的重量，即认为两玻璃管内液面的压强均相等，且等于 p_0。由等压面原理，即得

$$p_A = p_0 + \gamma(\Delta h + a)$$

$$p_B = p_0 + \gamma b$$

所以

$$p_A - p_B = \gamma \Delta h - \gamma(b - a) = \gamma \Delta h - \gamma(z_A - z_B) \tag{2-14}$$

或

$$\left(z_A + \frac{p_A}{\gamma}\right) - \left(z_B + \frac{p_B}{\gamma}\right) = \Delta h \tag{2-15}$$

若 A 和 B 位于同一水平面上，即 $z_A = z_B$，则压差计中的液面差就等于压强水头差，

即

$$\Delta h = \frac{p_A}{\gamma} - \frac{p_B}{\gamma}$$

图 2-13 为量测较大压强差时用的 U 形水银压差计，如 A 和 B 处的液体容重为 γ，水银容重为 γ_m，读得水银柱高差为 Δh_m，取 0—0 为基准面，根据等压面原理知两种液体的分界面 1-2 为等压面，即 $p_1 = p_2$，因

$$p_1 = p_A + \gamma z_A + \gamma \Delta h_m$$

$$p_2 = p_B + \gamma z_B + \gamma_m \Delta h_m$$

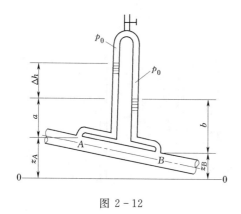

图 2 - 12

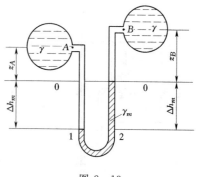

图 2 - 13

故得 $$p_A - p_B = (\gamma_m - \gamma)\Delta h_m + \gamma(z_B - z_A) \qquad (2-16)$$

且 A、B 两点的测压管水头差为

$$\left(z_A + \frac{p_A}{\gamma}\right) - \left(z_B + \frac{p_B}{\gamma}\right) = \left(\frac{\gamma_m - \gamma}{\gamma}\right)\Delta h_m \qquad (2-17)$$

同理,如果 A 和 B 位于同一水平面上时,则

$$p_A - p_B = (\gamma_m - \gamma)\Delta h_m \qquad (2-18)$$

【例 2 - 3】 图 2 - 14 的 U 形水银测压计,已知 $h = 20\mathrm{cm}$,$a = 25\mathrm{cm}$,$h_A = 10\mathrm{cm}$。试推算 A 点的压强 p_A 和表面压强 p_0。如果测压计水银面水平,即 $h = 0$,$a = 25\mathrm{cm}$,$h_A = 10\mathrm{cm}$,问这时的 A 点压强 p_A 和表面压强 p_0 又是多少?

解: (1) 当 $h = 0.2\mathrm{m}$、$a = 0.25\mathrm{m}$、$h_A = 0.1\mathrm{m}$ 时,由式 (2 - 13) 可得

$$p_A = \gamma_m h - \gamma a = 133.28 \times 0.2 - 9.8 \times 0.25 = 24.2 \text{ kPa}$$

由静水压强基本方程有 $p_A = p_0 + \gamma h_A$,则

$$p_0 = p_A - \gamma h_A = 24.2 - 9.8 \times 0.1 = 23.22 \text{ kPa}$$

(2) 当 $h = 0$、$a = 0.25\mathrm{m}$、$h_A = 0.1\mathrm{m}$ 时

$$p_A = \gamma_m h - \gamma a = 133.28 \times 0 - 9.8 \times 0.25 = -2.45 \text{ kPa}$$

由于算出的 A 点压强为负值,说明 A 点压强小于大气压强,产生了真空。用真空压强表示,则有

$$p_{Av} = -p_A = 2.45 \text{ kPa}$$

同样 $$p_0 = p_A - \gamma h_A = -2.45 - 9.8 \times 0.1 = -3.43 \text{ kPa}$$

$$p_{0v} = -p_0 = 3.43 \text{ kPa}$$

【例 2 - 4】 在 A、B 两个容器间连接一 U 形水银压差计,如图 2 - 15 所示。已知:两容器内皆为水,其高差 $\Delta z = 0.4\mathrm{m}$,从测压计读得 $\Delta h_m = 0.3\mathrm{m}$,且 $h = 0.3\mathrm{m}$。试求:(1) A、B 两点的压强差;(2) 若容器 A、B 的高程和压强不变,加大或减小水银压差计中的高度 h,问是否会影响读数 Δh_m;(3) 若容器 A、B 变为同一高程 ($\Delta z = 0$),且 Δh_m 不变,求 A、B 两点的压强差。

解: (1) 在均质、连通、同类的液体中,1 - 2、2 - 3 和 4 - 5 均为等压面,据此可

19

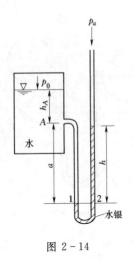

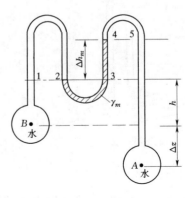

图 2-14   图 2-15

列出:

$$p_B - \gamma h - \gamma_m \Delta h_m + \gamma(\Delta h_m + h + \Delta z) = p_A$$

$$\begin{aligned} p_B - p_A &= \gamma \Delta h_m - \gamma_m \Delta h_m - \gamma \Delta z \\ &= (133.28 - 9.8) \times 0.3 - 9.8 \times 0.4 \\ &= 33.1 \text{ kPa} \end{aligned}$$

（2）从上述推导中得知，A、B 两点的压强仅 Δh_m 与 Δz 和有关，而与 h 无关。也就是说，水银测压计读数仅与容器 A、B 的压强差和位置高差有关，与压差计中的高度 h 无关。

（3）若容器 A、B 点同高，即 $\Delta z = 0$，显然

$$\begin{aligned} p_B - p_A &= (\gamma_m - \gamma) \Delta h_m \\ &= (133.28 - 9.8) \times 0.3 \\ &= 37.04 \text{ kPa} \end{aligned}$$

第二节　静水总压力的计算

在工程实践中，不仅需要知道液体内部任意一点的压强大小，还需要知道作用在建筑物表面上的水压力，即作用在建筑物整个表面上的静水总压力，从而确定建筑物的水力荷载。例如为了确定水工闸门的启闭力，需要知道作用在闸门迎水面上的水压力有多大；为了校核挡水坝的稳定，需要知道作用在坝面上的水压力是多少等。

静水总压力可根据静水压强的分布规律求出。当确定了静水压强及其分布规律后求静水总压力，实质上就是静力学中分布力求合力的问题。

根据工程需要，受压构件的表面有可能是平面，也有可能是曲面。本节将对平面上和曲面上的静水总压力计算方法分别予以介绍。

一、压强分布图的绘制
为适用起见，下面我们主要讨论受压面为平面时静水压强分布图的绘制方法。

压强分布图（也称为压力图）可以形象地表示受压面上压强的分布情况。压强分布图是根据静水压强的两个基本特性及静水压强的基本方程绘制而成的压强沿水深变化的压力分布图形。具体方法是：将各点的压强按一定比例的有向线段来表示，线段的长度表示压强的大小；方向即为压强的方向（垂直指向作用面）。然后将线段尾端连接起来，即得压强分布图。

由于建筑物的四周都处于大气之中，各个方向的大气压力是相互抵消的，往往只计算相对压强，故按式（2-7）绘制的静水压强分布图，实际上是相对压强分布图。由式（2-7）可知，静水压强与水深成正比，也就是 p 和 h 是一次方关系，故在受压平面上的压强分布图必然是直线分布。因此，有两个已知水深的点即可确定此直线。通常可以根据自由表面 $p=0$ 和已知水深 h 处的压强 $p=\gamma h$，即可绘出。如图 2-16 所示。

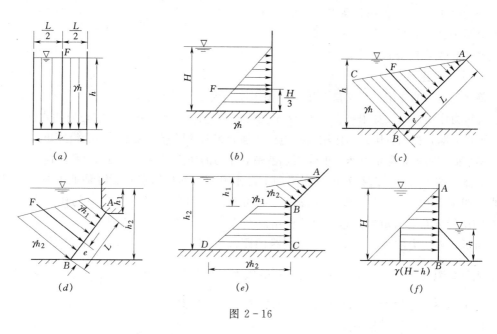

图 2-16

二、作用在平面上的静水总压力

（一）压力图法求矩形平面上的静水总压力

利用压强分布图来计算平面上静水总压力的方法称为压力图法。

工程中最常见的受压平面是沿水深等宽的矩形平面，由于它的形状规则，可以较简便地利用静水压强分布图来计算其静水总压力。

1. 静水总压力的大小

图 2-17 为任意倾斜的矩形受压平面，宽为 b，长为 L，由于沿宽度方向同一水深的点压强的大小相等，故压强分布图的形状和大小沿宽度方向是不变的。从静水压强分布图可以看出，求静水总压力 F 实际上就是求平行分布力系的合力。

由静力学知，单位宽度上平行分布力的合力等于荷载分布图的面积。可见，压强分布图的面积就等于作用在矩形受压平面上单位宽度上的静水总压力。不难理解，矩形受压面上静水总压力 F 的大小等于压强分布图的面积 S 与受压面宽度 b 的乘积，即

$$F = Sb \tag{2-19}$$

式中　S——压强分布图的面积（也是矩形受压面单位宽度上的静水总压力），N/m、kN/m；

　　　b——受压面的宽度，m。

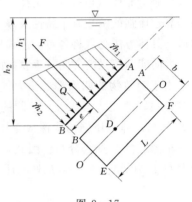

图 2-17

应当指出，Sb 实质上就是受压面上各点的压强所构成的压强分布体的体积。即矩形受压面上的静水总压力就等于压强分布体的体积。这个结论也适用于受压面为其它任意形状的平面或曲面。

2．静水总压力的方向

因为静水总压力是一个垂直且指向受压面的平行分布力系的合力。根据静力学定理可知，静水总压力 F 也必然是垂直且指向受压面的。

3．静水总压力的作用点

静水总压力的作用点，就是总压力的作用线与受压面的交点，称为压力中心，以 D 表示。总压力作用点的位置用压力中心 D 至受压面底边的距离 e 或压力中心处的水深 h_D 表示。可以证明，静水总压力的作用线必通过压强分布图的形心。因受压面为沿宽度方向对称的矩形平面，可见，静水总压力的作用点就是总压力的作用线与受压面纵对称轴的交点。

显然，要求具有纵对称轴的受压平面上静水总压力的作用点，关键是求压强分布图的形心。如图 2-16 中，由压强分布图的形心可知各种情况下静水总压力的作用点为：图（a）的压强分布图为矩形，总压力的作用点在 $L/2$ 处；图（b）及图（c）的压强分布图为三角形，总压力的作用点距受压面底缘的距离分别为 $e = H/3$ 及 $e = L/3$ 处；图（d）的压强分布图为梯形，总压力的作用点距受压面底缘的距离 $e = \dfrac{L}{3}\dfrac{2h_1 + h_2}{h_1 + h_2}$。

综上所述，矩形受压面静水总压力的压力图法，步骤如下：

（1）绘出静水压强分布图。

（2）计算静水总压力的大小 $F = Sb$。

（3）总压力的作用线通过压强分布图形心，且垂直指向受压面，作用线与受压面的交点即为压力中心，且压力中心落在受压面的对称轴上。

应该指出：用压力图法求静水总压力，受到受压面和压强分布图形状的限制，当受压面和压强分布图的形状较复杂时，计算起来就比较麻烦。在实际计算中，一般采用下面将介绍的分析法。介绍压力图法的主要目的是使读者能够形象地了解静水总压力与压强分布图（体）之间的关系，为后续学习和理解静水总压力计算的其它方法打下基础。

（二）分析法求任意形状平面上的静水总压力

运用数学方法和力学原理所得到的计算静水总压力的方法称为分析法。

1．静水总压力的大小

由式（2-1）已知，静水总压力 $F = \bar{p}A$，运用数学方法可以证明，任意受压面上的平均静水压强等于该受压面形心 C 处的压强，即 $\bar{p} = p_C$，故作用在任意平面上的静水总压力为

$$F = \gamma h_C A = p_C A \qquad (2-20)$$

式中　h_C——受压面的形心在水面下的淹没深度；

　　　p_C——受压面形心点处的压强。

上式表明，任意平面上所受的静水总压力等于形心点的压强承受压面的面积。就是说，总压力相当于形心点的压强均匀作用于整个受压面上产生的压力。这一规律对于任何平面都是适用的。如对上述图 2-17 所示的倾斜矩形平面的情形，$p_C = \dfrac{1}{2}\gamma(h_1 + h_2)$，$A = bL$，则静水总压力的大小为

$$F = p_C A = \frac{1}{2}\gamma(h_1 + h_2)bL$$

式（2-20）是分析法求任意平面上静水总压力大小的计算公式。可见，求任意平面上的静水总压力的大小，只要能求出受压面形心处的水深，由式（2-20）即可很容易地求得静水总压力的大小。

2. 静水总压力的方向

如压力图法所述，静水总压力的方向是垂直且指向受压面的。

3. 静水总压力的作用点

静水总压力的作用点 D，即压力中心的位置，由平面坐标来确定。取坐标平面 xoy 与该受压平面重合，选受压平面的延长面与水面的交线为 x 轴，受压平面上与 x 轴相垂直的轴为 y 轴。将 xoy 平面绕 y 轴转 $90°$，即把该平面转展在纸面，如图 2-18 所示。静水总压力 F 的作用点 D 的位置，可用坐标(x_D, y_D)表示。

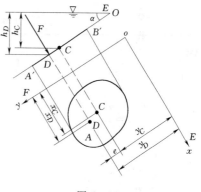

图 2-18

对于任意形状平面上静水总压力的作用点，由力学中的合力矩定理可以推得

$$y_D = y_C + \frac{I_C}{y_C A} \qquad (2-21)$$

式中　y_D——总压力的作用点 D 到 ox 轴的距离；

　　　y_C——受压面的形心 C 到 ox 轴的距离；

　　　I_C——受压面积 A 对通过其形心 C 且与 ox 轴平行的轴的惯性矩，m^4。

对于矩形平面，因 $A = bL$，$I_C = bL^3/12$，代入上式则有

$$y_D = y_C + \frac{L^2}{12 y_C} \qquad (2-22)$$

对于圆形平面，因 $A = \pi d^2/4$，$I_C = \pi d^4/64$，则得

$$y_D = y_C + \frac{d^2}{16 y_C} \qquad (2-23)$$

显然，当图 2-18 中所示的夹角 $\alpha = 90°$，即受压面垂直于地面时，$y = h$，则式（2-21）可表示为

$$h_D = h_C + \frac{I_C}{h_C A} \qquad (2-24)$$

式中　h_D、h_C——总压力作用点 D 和受压面形心 C 处的水深。

同理，对于矩形平面，有

$$h_D = h_C + \frac{L^2}{12h_C} \qquad\qquad (2-25)$$

对于圆形平面，则有

$$h_D = h_C + \frac{d^2}{16h_C} \qquad\qquad (2-26)$$

应当指出：式（2-21）中，I_C、y_C、A 等均是与受压面几何特征有关的参数，故 $I_C/y_C A$ 总是正值，所以有 $y_D > y_C$。也就是说，静水总压力的作用点 D 总是在受压面的形心 C 之下。只有当受压面上的压强分布图为矩形，即压强均匀地分布在作用面上时，静水总压力的作用点才与受压面的形心重合。

表 2-2 中，列出了几种单侧受压平面 A、y_C、y_D、I_C 及 F 的计算公式。表中的受压面垂直于地面，水面与受压面的顶部齐平。

表 2-2　　　　　　　　　　常见平面形状的 A、y_C、y_D、I_C 及 P 值

名称	图　形	面　积 A	形心坐标 y_C	压力中心坐标 y_D	惯性矩 I_C	静水总压力 P
长方形		bh	$\dfrac{1}{2}h$	$\dfrac{2}{3}h$	$\dfrac{bh^3}{12}$	$\dfrac{1}{2}\gamma h^2 b$
三角形		$\dfrac{1}{2}bh$	$\dfrac{2}{3}h$	$\dfrac{3}{4}h$	$\dfrac{bh^3}{36}$	$\dfrac{1}{3}\gamma bh^2$
梯形		$\dfrac{1}{2}(b+B)h$	$\dfrac{h}{3}\left(\dfrac{B+2b}{B+b}\right)$	$\dfrac{1}{2}\left(\dfrac{3b+B}{2b+B}\right)h$	$\dfrac{h^3}{36}\left(\dfrac{B^2+4bB+b^2}{b+B}\right)$	$\dfrac{1}{6}\gamma h^2(2b+B)$
圆形		$\dfrac{1}{4}\pi d^2$	$\dfrac{1}{2}d$	$\dfrac{5}{8}d$	$\dfrac{1}{64}\pi d^4$	$\dfrac{1}{8}\pi\gamma d^3$
半圆形		$\dfrac{1}{8}\pi d^2$	$\dfrac{2d}{3\pi}$	$\dfrac{3}{32}\pi d$	$\dfrac{9\pi^2-64}{96\pi}\times\dfrac{d^4}{12}$	$\dfrac{1}{12}\gamma d^3$

根据同样道理，对 oy 轴取矩，可以得出压力中心 D 对 oy 轴的距离 x_D。在水利工程中受压面往往是对称平面，如矩形、圆形、等腰梯形等，静水总压力的作用点必然位于对称轴上，即 $x_D = x_C$，因而不必另行计算 x_D。

【例 2-5】 某进水闸的矩形平板闸门宽 $b = 2.5\text{m}$，闸门高和闸前水深相同，$H = 2\text{m}$。闸门为松木制，厚 $\delta = 0.08\text{m}$，已知闸门铁件重约为木板重的 23%，湿松木密度 $\rho_s = 800\text{kg/m}^3$，木闸门与砌石门槽的摩擦系数 $f = 0.5$，求提起闸门时所需要的启门力。

解：提起闸门所需的启门力，必须大于闸门自重加闸门在静水压力作用下与门槽的摩擦力。令闸门木板体积为 V。

闸门自重 G（包括铁件）：

$$G = (1 + 0.23)\rho_s g V = 1.23 \times 800 \times 9.8 \times (2.5 \times 2 \times 0.08)$$
$$= 3860 \text{ N} = 3.86 \text{ kN}$$

静水总压力 F：

当上游水深 $H = 2\text{m}$，下游无水时

$$F = \gamma h_c A = \gamma \frac{H}{2} H b = \frac{9.8 \times 2^2}{2} \times 2.5 = 49 \text{ kN}$$

摩擦力 F_f：

由物理学知，摩擦力等于正压力乘摩擦系数，即得摩擦力为

$$F_f = F f = 49 \times 0.5 = 24.5 \text{ kN}$$

闸门自重与摩擦力之和为

$$G + F_f = 3.86 + 24.5 = 28.36 \text{ kN}$$

设启门力为 T，启闭力应超过闸门自重和摩擦力之和，即 $T > G + F_f$ 时，才能将闸门提起。

【例 2-6】 某引水涵洞的闸门为铅直的平板门，高 $h = 2\text{m}$，宽 $b = 3\text{m}$，上有胸墙，最大洪水位时上游水深为 $H_2 = 5\text{m}$，如图 2-19 所示。试用压力图法和分析法分别求闸门关闭、下游无水时，闸门上所受的静水总压力。

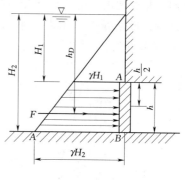

图 2-19

解：（1）用压力图法计算：

1）静水总压力的大小：

$$F = Sb$$

$$= \frac{1}{2}\gamma(H_1 + H_2)hb$$

$$= \frac{1}{2} \times 9.8 \times (3 + 5) \times 2 \times 3$$

$$= 235.2 \text{ kN}$$

2）静水总压力的方向：静水总压力的方向是垂直且指向作用面的。

3）静水总压力的作用点：总压力作用点距闸门底部的距离为

$$e = \frac{h}{3} \times \frac{2H_1 + H_2}{H_1 + H_2} = \frac{2}{3} \times \frac{2 \times 3 + 5}{3 + 5} = 0.92 \text{ m}$$

（2）用分析法计算：

1）总压力的大小：受压面形心处的水深为

$$h_C = \frac{1}{2}(H_1 + H_2) = \frac{3+5}{2} = 4 \text{ m}$$

受压面的面积为

$$A = bh = 3 \times 2 = 6 \text{ m}^2$$

由式（2-20）可得

$$F = p_C A = \gamma h_C A = 9.8 \times 4 \times 6 = 235.2 \text{ kN}$$

2）总压力的方向：静水总压力的方向是垂直且指向受压面的。

3）总压力的作用点：因受压面为铅直的矩形平面，且 $L = h = 2$m，由式（2-25）即得总压力作用点处的水深为

$$h_D = h_C + \frac{h^2}{12h_C} = 4 + \frac{2^2}{12 \times 4} = 4.08 \text{ m}$$

三、作用在曲面上的静水总压力

水利工程中有些承受水压力的作用面为曲面，例如弧形闸门、拱坝的坝面、U形渡槽、隧洞进水口等。这就要求确定作用在曲面上的静水总压力。

现以弧形闸门所受的静水总压力为例，说明曲面壁上静水总压力的计算方法。图2-20的弧形闸门 AB 为圆柱曲面的一部分，面板上各点所受的静水压强大小随深度增加，方向也是变化的。静水压强分布图形相当复杂，不容易由压力图来计算静水总压力。为便于计算，可把静水总压力分解为水平总压力 F_x 和铅直总压力 F_z，只要分别求出 F_x、F_z，就可得到合力。

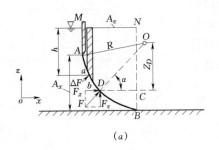 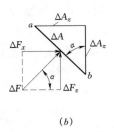 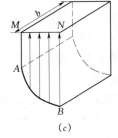

（a）　　　　　　　　　（b）　　　　　　　　　（c）

图 2-20

（一）静水总压力大小

为了确定图2-20（a）所示的弧形闸门 AB 上静水总压力的水平分力 F_x 和铅直分力 F_z，现将曲面 AB 分成许多小分，每小分曲面可近似视作平面。

在曲面 AB 上，水深为 h 处，取一小分曲面 ab，设其面积为 ΔA，则作用在该曲面上的静水总压力

$$\Delta F = p \Delta A = \gamma h \Delta A$$

ΔF 垂直于面积 ΔA，并与水平面之间的夹角为 α，该力可分解为水平分力 ΔF_x 与铅直分力 ΔF_z，如图2-20（b）所示。且

$$\Delta F_x = \Delta F \cos\alpha = p\Delta A\cos\alpha = \gamma h \Delta A_x$$

$$\Delta F_y = \Delta F \cos\alpha = p\Delta A\cos\alpha = \gamma h \Delta A_z$$

则弧形闸门 AB 上的静水总压力 F 在 x 方向的分力（水平分力）为

$$F_x = \sum \gamma h \Delta A_x = \gamma h_{cx} A_x \tag{2-27}$$

式中　A_x——曲面 AB 在 x 方向的投影面积（即：用一束平行于 x 轴的光线照射到曲面时所得到的阴影面积）；

　　　　h_{cx}——投影面积 A_x 形心处的水深。

静水总压力 F 在 z 方向的分力（铅直分力）为

$$F_z = \sum \gamma h \Delta A_z = \gamma \sum \Delta V = \gamma V_{MABNM} \tag{2-28}$$

上式中 $h\Delta A_z$ 是以 ΔA_z 为底面积，高为 h 的柱体体积。对于弧形闸门，该体积也等于图中斜线部分的面积与闸门宽度 b 的乘积。显然，V_{MABNM} 即表示宽度为 b、截面为 $MABNM$ 的柱体体积，如图 2-20（c）所示。

如图 2-21 所示的曲面 ab，作曲面的左突出点 c 则曲面 ac 受向下的静水压力，曲面 cb 受向上的静水压力。现规定向上为正，向下为负，则曲面 ab 的总压力在铅直方向的分力

$$F_z = -\gamma V_{mcam} + \gamma V_{mcbnm} = \gamma V_{acbna}$$

在水力学中，将图 2-20（c）所示的宽度为 b、截面为 $MABNM$ 的柱体称为压力体，用 V_F 表示压力体的体积；将截面 $MABNM$ 则称为压力体截面图，用 S_F 表示压力体截面图的面积。由式（2-28）得静水总压力的铅直分力为

$$F_z = \gamma V_F = \gamma S_F b \tag{2-29}$$

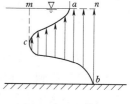

图 2-21

上式表明：静水总压力的铅直分力 F_z 的大小等于与压力体体积相等的水体重量。由此可见，对于具有沿水深方向等宽的曲面而言，正确绘出压力体截面图，是求解静水总压力铅直分力 F_z 的关键。

为进一步了解压力体的含义，在图 2-22 中列出了几种弧形闸门不同受力情况的压力体图形。从这些图形中可看出，压力体是由底面、顶面、侧面构成的体积。底面是曲面本身，顶面是水面或水面的延长面，侧面是通过曲面四周边缘向水面或水面的延长面所作的铅直面。

确定铅直分力 F_z 的方向应以水对曲面的作用方向为依据。若曲面上部承受水压，则 F_z 的方向向下，如图 2-22（a）所示；若曲面下部承受水压，则 F_z 的方向向上，如图 2-22（b）、（e）所示。对于图 2-22（c）、（d）的情况，则应根据力的合成原理，由水压力大的一方来确定静水总压力铅直分力 F_z 的方向。

压力体截面图的绘制，实质上也可理解为绘制铅直方向的"压强分布图"。具体绘制时，先按上浮和下压的情况将曲面进行分段，当水使曲面受压时，压强向下指向曲面；当水使曲面上浮时，压强向上背向曲面。然后，按叠加原理进行"浮"、"压"叠加，重复部分抵消，未被抵消的部分就是实际的压力体截面图。

求出水平分力 F_x 和铅直分力 F_z 后，静水总压力 F 的大小可用下式求得

$$F = \sqrt{F_x^2 + F_z^2} \tag{2-30}$$

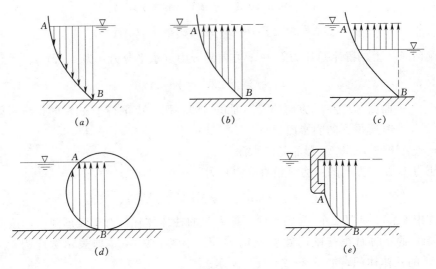

图 2-22

（二）静水总压力的方向

静水总压力作用线的方向可用总压力作用线与水平线的夹角 α 表示。由图 2-20（a）可得

$$\alpha = \text{arctg} \frac{F_z}{F_x} \tag{2-31}$$

（三）静水总压力的作用点

前面已经提到，在实际工程中，弧形闸门的面板通常为圆柱面的一部分。作用在弧形闸门上各点的水压力作用线都通过圆心 O 点，故总压力 F 的作用线也必通过 O 点，总压力 F 的作用线与水平线的夹角为 α。它与受压曲面的交点，即为总压力的作用点 D（或称为压力中心）。

若总压力的作用点 D 至轴心 O 的铅直距离以 z_D 表示，从图 2-20（a）所示的三角形 ODC，可得

$$z_D = R \sin \alpha \tag{2-32}$$

综上所述，曲面壁上静水总压力的计算步骤如下：

（1）把曲面壁静水总压力 F 分解为水平分力 F_x 和铅直分力 F_z。

（2）F_x 等于该曲面的铅直投影面 A_x 上的静水总压力，计算方法和平面上静水总压力的计算方法相同。

（3）F_z 等于与压力体体积相等的水体重量。

（4）F_x、F_z 求得后，总压力大小及方向可通过式（2-30）、式（2-31）确定；对于圆柱曲面上静水总压力的作用点，可由式（2-32）求得。

顺便指出，由于水利工程中常见的曲面一般都是圆柱面，故对于其它任意曲面求解静水总压力作用点的问题，在此未作介绍，应用时可参考有关水力学书籍。

【例 2-7】 某坝顶弧形闸门，如图 2-23 所示。闸门宽 $b=6$m，圆弧的半径 $R=$ 4m，闸门可绕 O 轴旋转。O 轴和水面在同一高程上。试求：当坝顶水头 $H=2$m 时，闸

门上所受到的静水总压力。

解： 1. 静水总压力的大小

（1）静水总压力的水平分力：

$$F_x = \gamma h_C A_x = \gamma \frac{H}{2} H b = 9.8 \times 1 \times 2 \times 6 = 117.6 \ \text{kN}$$

（2）静水总压力的铅直分力：

绘制压力体剖面图，如图 2-23 中所示的 ABC
部分。

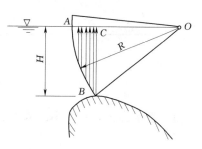

下面先计算压力体的体积：

因为压力体剖面图的面积为

$$S_F = S_{ABC} = \text{面积} \ ABC$$

而

面积 $ABC = $ 扇形面积 $AOB -$ 三角形面积 BOC，
已知 $BC = 2\text{m}$，$OB = 4\text{m}$，故知 $\angle AOB = 30°$，则

扇形面积为

$$AOB = \frac{30°}{360°}\pi R^2 = \frac{1}{12} \times 3.14 \times 4^2 = 4.19 \ \text{m}^2$$

图 2-23

三角形面积为

$$BOC = \frac{1}{2}\overline{BC} \times \overline{OC} = \frac{1}{2} \times 2 \times 4\cos 30° = 3.46 \ \text{m}^2$$

所以，压力体的体积为

$$V_F = V_{ABC} = S_{ABC} \cdot b = (4.19 - 3.46) \times 6 = 4.38 \ \text{m}^2$$

由式（2-29）即得静水总压力的铅直分力为

$$F_z = \gamma V_F = 9.8 \times 4.38 = 42.9 \ \text{kN}$$

作用于闸门的静水总压力为

$$F = \sqrt{F_x^2 + F_z^2} = \sqrt{117.6^2 + 42.9^2} = 125.2 \ \text{kN}$$

2. 静水总压力的方向

静水总压力作用线与水平线的夹角 α 为

$$\alpha = \text{arctg} \ \frac{F_z}{F_x} = \text{arctg} \ \frac{42.9}{117.6} = 20.04°$$

3. 静水总压力的作用点

静水总压力的作用点 D 与轴心 O 铅直距离为

$$z_D = R\sin\alpha = R \frac{F_z}{F} = 4 \times \frac{42.9}{125.2} = 1.37 \ \text{m}$$

【例 2-8】   一引水涵洞进口设闸门，如图 2-24 所示。已知闸门宽 $b = 2\text{m}$，高 $L = 3\text{m}$，倾斜角 $\theta = 60°$，不计闸门自重。试分别用压力图法、分析法和曲面总压力求解法求该闸门上的静水总压力的大小、方向及其作用点的位置。

解：（1）压力图法 ［见图 2-24（a）］：

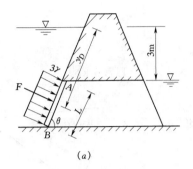 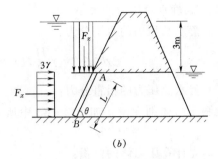

$$(a) \qquad\qquad\qquad (b)$$

图 2-24

1) 静水总压力的大小：因上、下游压强分布图叠加后，有效的压强分布图为矩形，故

$$F = Sb = 3\gamma Lb = 3 \times 9.8 \times 3 \times 2 = 176.4 \text{ kN}$$

2) 静水总压力的方向：静水总压力垂直且指向受压面。

3) 静水总压力的作用点：因压强分布图为矩形，故总压力的作用点与受压面的形心点重合，即

$$y_D = y_C = \frac{L}{2} + \frac{3}{\sin 60°} = \frac{3}{2} + 3.46 = 4.96 \text{ m}$$

（2）分析法：

1) 静水总压力为

$$\begin{aligned}
F &= F_1 - F_2 \\
&= \gamma h_{C1} A - \gamma h_{C2} A \\
&= 9.8 \times \left(3 + \frac{3\sin 60°}{2}\right) \times 2 \times 3 - 9.8 \times \frac{3\sin 60°}{2} \times 2 \times 3 \\
&= 252.78 - 76.38 \\
&= 176.4 \text{ kN}
\end{aligned}$$

2) 静水总压力的方向：静水总压力垂直且指向受压面。

3) 静水总压力的作用点：F_1、F_2 的作用点距上游水面与堤坡的交点的 y 坐标分别为

$$\begin{aligned}
y_{D1} &= y_{C1} + \frac{L^2}{12 y_{C1}} = \left(\frac{3}{\sin 60°} + \frac{L}{2}\right) + \frac{L^2}{12(3/\sin 60° + L/2)} \\
&= \left(\frac{3}{0.866} + 1.5\right) + \frac{3^2}{12 \times (3/0.866 + 1.5)} = 5.11 \text{ m}
\end{aligned}$$

$$y_{D2} = \frac{3}{\sin 60°} + \frac{2}{3} \times 3 = 3.46 + 2 = 5.46 \text{ m}$$

根据静力学中的由合力矩定理，即：合力对某一点的力矩等于各个分力对同一点力矩的代数和。对上游水面与堤坡的交点而言，有

$$F y_D = F_1 y_{D1} + F_2 y_{D2}$$

即得

$$y_D = \frac{F_1 y_{D1} + F_2 y_{D2}}{F}$$

$$= \frac{252.78 \times 5.11 - 76.38 \times 5.46}{176.4}$$

$$= 4.96 \text{ m}$$

（3）曲面总压力求解法〔见图 2-24（b）〕：

1）静水总压力为

$$F_x = S_x b = 3\gamma(3\sin 60°)b = 3 \times 9.8 \times 3 \times 0.866 \times 2 = 152.77 \text{ kN}$$

$$F_z = \gamma V_F = \gamma \times (3\cos 60° \times 3 \times b) = 9.8 \times (3 \times 0.5 \times 3 \times 2) = 88.2 \text{ kN}$$

$$F = \sqrt{F_x^2 + F_z^2} = \sqrt{152.77^2 + 88.2^2} = 176.4 \text{ kN}$$

2）静水总压力的方向：静水总压力 F 与水平线的夹角 α 为

$$\alpha = \text{arctg} \frac{F_z}{F_x} = \text{arctg} \frac{88.2}{152.77} = 30°$$

3）静水总压力的作用点：F_x 与 F_z 作用线的交点正好在闸门形心 C 处，故总压力的作用点为

$$y_D = \frac{L}{2} + \frac{3}{\sin 60°} = 1.5 + \frac{3}{0.866} = 4.96 \text{ m}$$

第三节 动水总压力的计算

水在流动状态下所产生的压力，叫动水压力，动水压力也用 F 表示。本节主要介绍均匀流及非均匀渐变流过水断面上动水压力的计算。

一、动水压强的分布规律

（一）均匀流过水断面上动水压强的分布规律

由均匀流的定义已知，均匀流的断面平均流速及流速分布图沿流程没有变化。流线为彼此平行的直线，与流线垂直的过水断面是一平面，大小沿流程不变。由于均匀流断面平均流速的大小及方向均沿程不变，故不存在速度的变化量，因而加速度必为零，所以水流的惯性力等于零。于是在均匀流过水断面上，作用于水流的力只有压力和重力，其过水断面上的受力情况与静水时的受力情况是相同的。所以，在均匀流过水断面上各点动水压强的变化规律也和静水压强的变化规律相同，即同一过水断面上，尽管各点的位置高度不同，动水压强也不同，但测压管水头是相等的，即

$$z + \frac{p}{\gamma} = C \tag{2-33}$$

上式说明，均匀流同一过水断面上各点测压管水头等于同一个常数。但要注意，在不同的过水断面上，$(z + p/\gamma)$ 就具有不同的常数。也就是说，在均匀流同一过水断面上，动水压强 p 是按静水压强规律（即线性规律）分布的。

图 2-25 为均匀管流，断面上 A—A 上 1、2 两点的测压管水头相等，即

$$Z_{A1} + \frac{p_{A1}}{\gamma} = Z_{A2} + \frac{p_{A2}}{\gamma} = C_A$$

B—B 断面上 1、2 两点的测压管水头也相等，即

$$Z_{B1} + \frac{p_{B1}}{\gamma} = Z_{B2} + \frac{p_{B2}}{\gamma} = C_B$$

但 $C_A \neq C_B$，说明不同断面的测压管水头是不相等的。

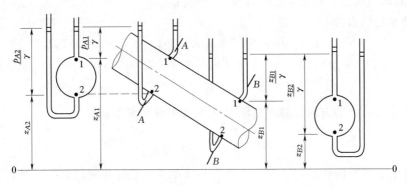

图 2-25

上述规律也适用于明渠水流，如图 2-26 所示。显然，图 2-26 中 I—I 断面的测压管水头为

$$z_1 + \frac{p_1}{\gamma} = z_2 + \frac{p_2}{\gamma} = C_{\text{I}}$$

II—II 断面的测压管水头为

$$z_3 + \frac{p_3}{\gamma} = z_4 + \frac{p_4}{\gamma} = C_{\text{II}}$$

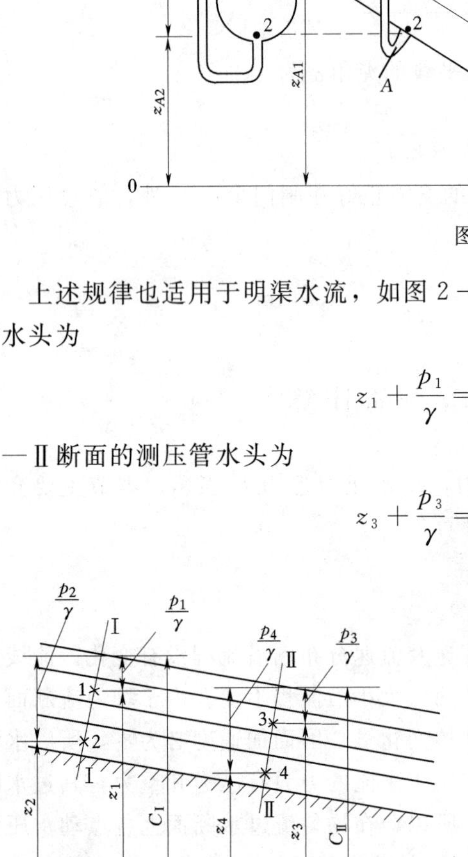

但 $C_{\text{I}} \neq C_{\text{II}}$。

若设明渠的底坡角（渠道的底坡线与水平线的夹角）为 θ，断面实际水深为 h，则

当渠道底坡较大（$i > 1/10$）时，过水断面上任意一点的压强可表示为

$$p = \gamma h \cos\theta$$

当渠道底坡较小（$i < 1/10$）时，过水断面上任意一点的压强则为

$$p = \gamma h$$

图 2-26

应该指出，水力学基础中主要讨论 $i < 1/10$ 的小底坡明渠的水力计算问题，大底坡明渠则属专门水力学问题，在此不予讨论。

（二）渐变流的动水压强分布规律

由渐变流的定义可知，由于渐变流流线弯曲很小，故渐变流各流线之间近似为平行直线，水流的离心惯性力可以忽略不计，渐变流的过水断面可近似视为平面。因此，渐变流过水断面上动水压强的分布规律近似地与静水压强的分布规律相同。也就是说，可认为在渐变流的同一过水断面上各点的测压管水头 $z + p/\gamma = C$。换句话说，渐变流同一断面上各点的动水压强 p 近似按线性规律分布，如图 2-27 所示。由图 2-27 不难看出：A—A 断面的测压管水头 $z_1 + p_1/\gamma = z_2 + p_2/\gamma$；$B$—$B$ 断面的测压管水头 $z_3 + p_3/\gamma = z_4 +$

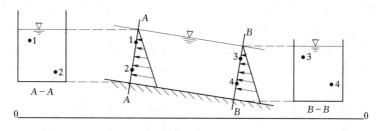

图 2-27

p_4/γ，但两断面的测压管水头并不相等。

二、动水总压力的计算

由于均匀流和渐变流过水断面上动水压强的分布规律，均符合静水压强的分布规律，因此其过水断面上动水总压力的计算方法与静水总压力的计算方法是完全相类似的。具体计算方法见［例 2-9］、［例 2-10］。

【例 2-9】 某水闸开闸泄水，水闸上游 1—1 断面的水深 $H=10\mathrm{m}$，下流 2—2 断面水深 $h=2\mathrm{m}$，闸孔宽 $b=3\mathrm{m}$，如图 2-28 所示。求两渐变流断面 1—1、2—2 上的动水总压力。

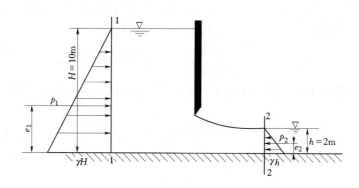

图 2-28

解：（1）动水总压力：由公式（2-20）可求得 1—1、2—2 断面上动水总压力为

$$F_1 = \gamma h_{C1} A_1 = \gamma \frac{H}{2} bH = 9.8 \times 5 \times 3 \times 10 = 1470 \text{ kN}$$

$$F_2 = \gamma h_{C2} A_2 = \gamma \frac{h}{2} bh = 9.8 \times 1 \times 3 \times 2 = 58.8 \text{ kN}$$

（2）动水总压力的方向：动水总压力的方向是垂直且指向受压面的。

（3）动水总压力的作用点：1—1、2—2 断面动水总压力的作用点距过水断面底部的距离分别用 e_1、e_2 表示，则有

$$e_1 = \frac{H}{3} = \frac{10}{3} = 3.33 \text{ m}$$

$$e_2 = \frac{h}{3} = \frac{2}{3} = 0.667 \text{ m}$$

【例 2-10】 有一弯管如图2-29所示，1—1、2—2断面的直径分别为 $d_1 = 30\text{cm}$、$d_2 = 20\text{cm}$，两断面中心点 1、2 的动水压强分别为 $p_1 = 294\text{kPa}$，$p_2 = 196\text{kPa}$，求两断面动水总压力的大小、方向及两断面动水总压力作用点位于各自测压管水面以下的深度。

解：（1）动水总压力：

由式（2-20）可得

$$F_1 = p_{C1}A_1 = p_1A_1 = 294 \times 0.785 \times 0.3^2 = 20.77 \text{ kN}$$

$$F_2 = p_{C2}A_2 = p_2A_2 = 196 \times 0.785 \times 0.2^2 = 6.15 \text{ kN}$$

（2）动水总压力的方向：

动水总压力的方向是垂直且指向受压面的。

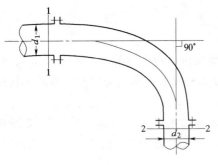

（3）动水总压力的作用点位于测压管水面以下的深度：此时，两断面均可视为位于测压管以下的圆形受压平面，根据测压管高度的概念可知

$$h_{C1} = h_1 = \frac{p_1}{\gamma} = \frac{294}{9.8} = 30 \text{ m}$$

$$h_{C2} = h_2 = \frac{p_2}{\gamma} = \frac{196}{9.8} = 20 \text{ m}$$

图 2-29

由式（2-26）得 F_1、F_2 的作用点位于测压管水面以下的深度分别为

$$h_{D1} = h_{C1} + \frac{d_1^2}{16 h_{C1}} = 30 + \frac{0.3^2}{16 \times 30} \approx 30 \text{ m}$$

因断面 2—2 为水平面，故总压力 F_2 的作用点与该断面的形心点重合，即

$$h_{D2} = h_{C2} = 20 \text{ m}$$

由以上计算可以看出，断面 1 上的动水总压力作用点与断面的形心点接近重合。故在压力管道的水力计算中，一般可认为总压力的作用点即为过水断面的形心点。

习　题

2-1　题2-1图所示的土坝，已知迎水面水深为12m，试确定堤面 AB 上1、2两点的静水压强的数值，并绘出方向。

2-2　如题2-2图所示的两个盛水容器，其测压管中的液面分别高于和低于容器中液面高度 $h = 2\text{m}$，试求：两种情况下的液面绝对压强、相对压强及真空压强。

2-3　测得某容器内的真空高度相当于 300mm 水银柱高，问：其真空值用千帕表示，为多少？若以绝对压强和相对压强表示，其数值为多少？

2-4　已知题2-4图所示的容器中，A 点的相对压强 $p_A = 78.4\text{kN/m}^2$，设在此高度上安装测压管，问至少需要多长的玻璃管？如果改装水银测压计，问水银柱高度 h_p 为若干（已测得 $h' = 0.2\text{m}$）？

2-5　量测容器中 A 点压强的真空计如题2-5图所示。已知：$z = 1\text{m}$，$h = 2\text{m}$，求 A 点的绝对压强、相对压强和真空高度。

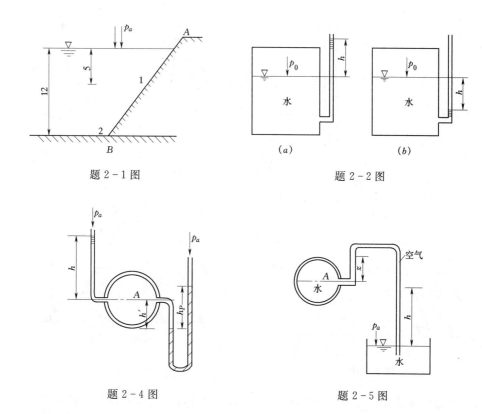

题 2-1 图　　　　　　　　　　题 2-2 图

题 2-4 图　　　　　　　　题 2-5 图

2-6　如题 2-6 图所示的水管，已测得 U 形测压管中水银柱高差 $\Delta h = 400\text{mm}$，A、B 两点的高差 $\Delta z = 1\text{m}$，试求水管断面中心 A、B 两点的压强差。

2-7　当压强差相当小时，为提高测量精度，有时采用如题 2-7 图所示的斜管式比压计。若用斜管式比压计测量两容器中心 A、B 两点压强差，读得 $h'_m = 20\text{cm}$、$\theta = 30°$，试计算 B、A 两点的压差？若将此比压计直立起来（$\theta = 90°$），问读得的两管水面差应为多少？

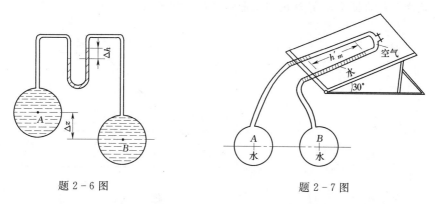

题 2-6 图　　　　　　　　题 2-7 图

2-8　试绘制题 2-8 图所示的指定挡水面上的压强分布图。

2-9　如题 2-9 图所示的浆砌块石坝，垂直于纸面方向的长度 $l = 100\text{m}$，坝前水深 $H = 6\text{m}$，坝上游面倾角 $\alpha = 60°$，试求：该坝所受的静水总压力的水平分力 F_x 及铅直分力 F_z。

2-10　如题 2-10 图所示为一混凝土重力坝，混凝土的容重 $\gamma = 25\text{kN/m}^3$，假设由

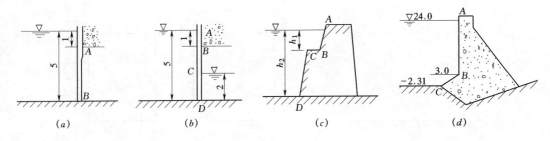

题 2-8 图

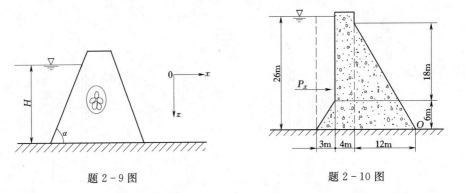

题 2-9 图　　　　　　　　　　　　　题 2-10 图

于排水可以忽略坝基下的渗透压力作用，各尺寸如图所注，试校核该坝的倾覆稳定性。

2-11　有一引水涵洞，如题 2-11 图所示。已知洞口圆形盖板直径 $D=1.0\text{m}$，倾斜角 $\alpha=60°$，圆形盖板形心处的水深 $h_c=3.0\text{m}$，盖板重量 $G=1.0\text{kN}$，要使盖板绕轴 A 旋转打开，问在 B 点需要的铅直拉力 T 为若干？

2-12　输水隧洞进口设一矩形平板闸门，如题 2-12 图示。坝前水深 $H=6\text{m}$，门高 $a=3\text{m}$，门宽 $b=2\text{m}$，闸门自重 $G=3920\text{N}$，倾角 $\theta=60°$，闸门与门槽之间滑动摩擦系数 $f=0.4$，试求闸门的提升力 T 及闸门上静水总压力作用点。

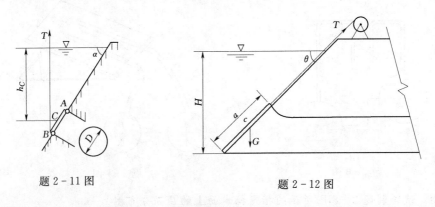

题 2-11 图　　　　　　　　　　　题 2-12 图

2-13　一直立矩形平面闸门，如题 2-13 图所示。用三根工字梁支撑，门高及上游水深 $H=4\text{m}$，为使这三根工字梁分担相同的负荷，其位置应如何布置？作用于每根横梁上的水压力为多少？

2-14 在渠道侧壁上开有一圆形放水孔，如题 2-14 图示。已知放水孔直径 $d=2$m，孔顶至水面深度 $h=4$m，试求放水孔闸门上的静水总压力及作用点位置。

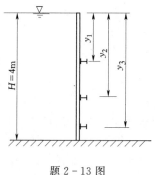

题 2-13 图 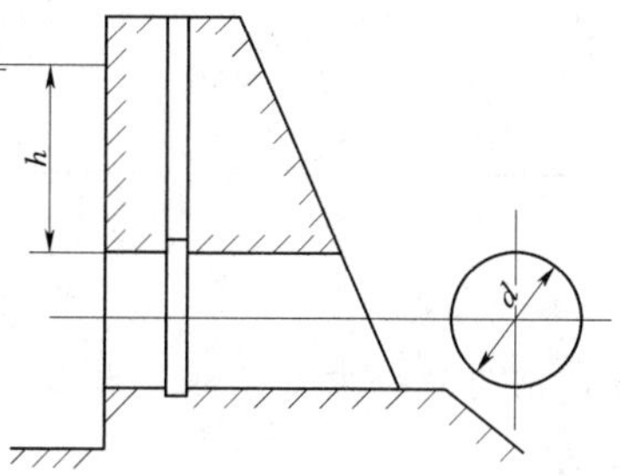　　　　　　　　　题 2-14 图

2-15 在涵洞进口处放置一圆形平板闸门，如题 2-15 图所示。闸门直径 $D=2$m，倾角 $\alpha=60°$，闸门上缘距水面斜距 $l=3$m。试求：闸门所受的静水总压力及作用点。

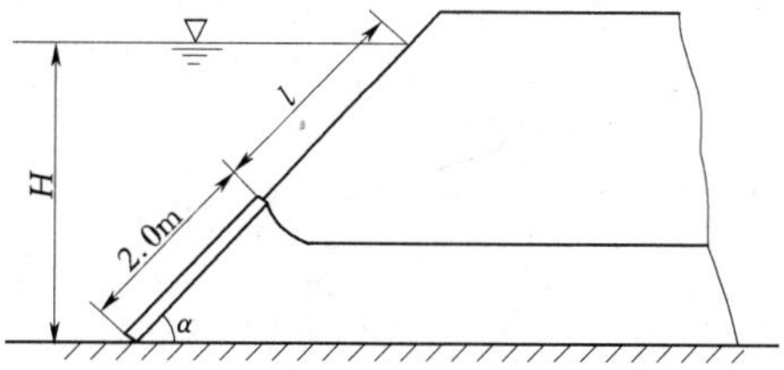

2-16 试绘制题 2-16 图中各种柱面上的压力体截面图及其在铅直投影面上的压强分布图。

题 2-15 图

2-17 题 2-17 图为一圆辊闸门，闸门宽 $b=10$m，直径 D 和水深 H 相等，且 $H=D=4$m，求作用在圆辊闸门上的静水总压力及压力中心。

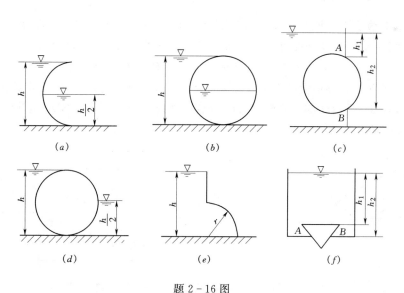

(a)　　　　　　(b)　　　　　　(c)

(d)　　　　　　(e)　　　　　　(f)

题 2-16 图

2-18 有一扇形闸门如题 2-18 图所示。已知：$h=3$m，$\alpha=45°$，闸门宽 $b=1$m，求作用在扇形闸门上的静水总压力及压力中心。

2-19 如题 2-19 图所示溢流坝上的弧形闸门，已知：闸门宽 $b=8$ m，弧形闸门半

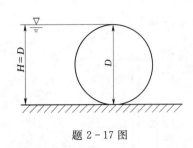

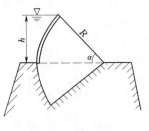

题 2-17 图　　　　　　　　　　　　题 2-18 图

径 $R=10\text{m}$，闸门转轴中心高程、水面高程及堰顶高程如图中所注，试求：弧形闸门所受的静水总压力。

2-20　某带胸墙的弧形闸门，如题 2-20 图所示。已知闸门宽度 $b=12\text{m}$，高 $H=9\text{m}$，半径 $R=12\text{m}$，闸门转轴距底亦为 9m，求弧形闸门上受到的静水总压力及压力中心。

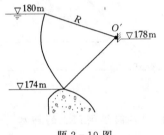

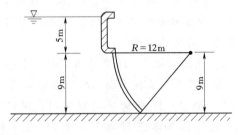

题 2-19 图　　　　　　　　　　　　题 2-20 图

2-21　有两条不同坡度的矩形渠道相连，第二段渠道坡度比第一段渠道坡度要陡，如题 2-21 图所示，变坡附近为非均匀急变流，断面 1—1、2—2 处为均匀流，水深分别为 $h_1=6\text{m}$，$h_2=2\text{m}$，渠道宽均为 $b=3\text{m}$。求 1、2 两断面的动水总压力。

2-22　水电站压力水管的渐变段，如题 2-22 图所示。1、2 两断面直径分别为 $d_1=2\text{m}$、$d_2=1\text{m}$，1、2 两过水断面形心处的动水压强分别为 $p_1=392\text{kPa}$，$p_2=294\text{kPa}$，求 1、2 两断面的动水压力。

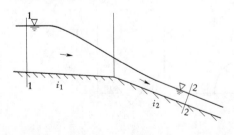

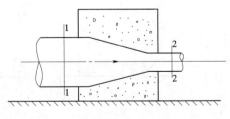

题 2-21 图　　　　　　　　　　　　题 2-22 图

第三章　水流运动的基本原理

在第一、二章中，已经介绍了水流运动的基本类型和动水总压力的计算。从本章开始，我们将介绍恒定水流的一些基本原理。

在水力学中，水流的运动特征常用压强、流速以及加速度等物理量来描述，这些物理量统称为水流的运动要素。本章的主要任务是研究各运动要素的变化规律，建立这些运动要素之间的相互关系式。以便根据水流已知运动要素去推求未知的运动要素。

本章将根据物理学中的一些基本原理，导出水流运动的三大基本方程，即连续性方程、能量方程和动量方程。

第一节　恒定流的连续性方程

在水力学中，恒定流的连续性方程是三大基本方程中最基本、最简单、应用最普遍的方程。下面，我们将根据物理学中的质量守恒原理，导出恒定流的连续性方程。

一、系统的概念

包含固定质量的无限多个液体质点的集合称为系统。

二、质量守恒原理

在运动过程中，任何时刻的质量都等于同一个常数。这就是质量守恒原理。

与其它任何物质一样，水流在运动过程中也必然会遵循质量守恒原理。

三、恒定流的连续性方程

如第一章中所述，水力学基础中所研究的液体是连续的、容易流动的、没有表面张力且不可压缩的均质液体。

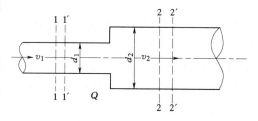

图 3-1

如图 3-1 所示的管道水流，取两个断面之间的水体为一个系统。

$t = 0$ 时刻，系统的两个断面为 1—1 和 2—2，其质量记作 $m_{12}(0)$，显然

$$m_{12}(0) = m_{11'}(0) + m_{1'2}(0)$$

t 时刻，系统运动到新的位置，它的两个断面为 $1'—1'$ 和 $2'—2'$，系统的质量记作 $m_{1'2'}(t)$，显然

$$m_{1'2'}(t) = m_{1'2}(t) + m_{22'}(t)$$

由质量守恒定理，得

$$m_{12}(0) = m_{1'2'}(t)$$

即
$$m_{11'}(0) + m_{1'2}(0) = m_{1'2}(t) + m_{22'}(t)$$

当水流为恒定流时，有
$$m_{1'2}(0) = m_{1'2}(t)$$

因而
$$m_{11'}(0) = m_{22'}(t)$$

因为
$$m_{11'}(0) = \rho_1 v_1 A_1 t, \quad m_{22'}(t) = \rho_2 v_2 A_2 t$$

且 $Q = vA$，故得
$$\rho_1 Q_1 = \rho_2 Q_2$$

对于均质不可压缩的液体，密度是一常数，即
$$\rho_1 = \rho_2 = \rho$$

故得
$$Q_1 = Q_2$$

或
$$v_1 A_1 = v_2 A_2 = Q \tag{3-1}$$

也可表示为
$$\frac{A_1}{A_2} = \frac{v_2}{v_1} \tag{3-2}$$

式（3-1）、式（3-2）即为恒定流的连续性方程。它适用于恒定、均质、不可压缩的液体。

连续性方程表明：在恒定流条件下，通过各个断面上的流量是相等的。或者说，断面平均流速与过水断面面积成反比。在日常生活中，人们都有这样共同的感受，在河流开阔处，水流缓慢，流速小；而在峡谷地段，水流湍急，流速大。

恒定流的连续性方程反映了恒定水流的过水断面面积与断面平均流速之间的变化规律。

不难理解，对于有流量分出或加入的情形，连续性方程可表示为
$$Q = Q_1 + Q_2 \tag{3-3}$$

式中　Q——分出前或加入后的总流量；

Q_1、Q_2——两支流流量。

【例 3-1】　如图 3-1 所示的一小管与一大管相连。已知小管直径 $d_1 = 400\text{mm}$，大管直径 $d_2 = 800\text{mm}$，管中水流为恒定流。测得断面 2 的平均流速 $v_2 = 1\text{m/s}$。求断面 1 的平均流速 v_1。

解：1、2 两断面的面积分别为
$$A_1 = \frac{\pi}{4} d_1^2$$

$$A_2 = \frac{\pi}{4} d_2^2$$

代入式（3-2），则得
$$\frac{A_1}{A_2} = \frac{v_2}{v_1} = \frac{d_1^2}{d_2^2}$$

于是
$$v_1 = v_2 \cdot \frac{d_2^2}{d_1^2}$$

已知 $v_2=1\text{m/s}$，$d_1=400\text{mm}=0.4\text{m}$，$d_2=800\text{mm}=0.8\text{m}$ 代入上式，即得

$$v_1=1\times\frac{0.8^2}{0.4^2}=4\text{ m/s}$$

【例 3-2】 图 3-2 表示一干渠平面图，在总干渠和两分干渠实测，得到下列资料：总干渠过水断面面积为 $A=65\text{m}^2$，断面平均流速为 $v=0.71\text{m/s}$，二分干渠过水断面面积为 $A_2=25.6\text{m}^2$，断面平均流速为 $v_2=0.77\text{m/s}$，通过一分干渠的流速 $v_1=0.66\text{m/s}$。试求一分干渠的过水断面面积 A_1。

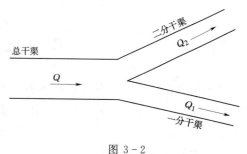

图 3-2

解： 本题属于有流量分出的情形，根据连续性方程式（3-3），得一分干渠的流量

$$Q_1=Q-Q_2=65\times0.71-25.6\times0.77=26.4\text{ m}^3/\text{s}$$

因 $Q_1=v_1A_1$，故得一分干渠过水断面面积为

$$A_1=\frac{Q_1}{v_1}=\frac{26.4}{0.66}=40\text{ m}^2$$

【例 3-3】 有一渡槽，如图 3-3 所示。今测得渠道水深 $h_1=3\text{m}$，平均流速 $v_1=0.6\text{m/s}$。已知渠道断面为梯形，底宽 $b_1=4\text{m}$，边坡为 $1:1.5$；渡槽断面为矩形，底宽 $b_2=3\text{m}$ 渡槽水深 $h_2=2.7\text{m}$。求渡槽的断面平均流速 v_2。

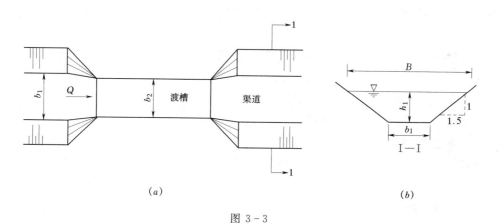

（a）   （b）

图 3-3

解： 设渠道水面宽为 B，则渠道过水断面面积为

$$A_1=(B+b_1)\frac{h_1}{2}$$

$$=\left[(b_1+2\times1.5h_1)+b_1\right]\frac{h_1}{2}$$

$$=(b_1+1.5h_1)h_1$$

$$=(4+1.5\times3)\times3=25.5\text{ m}^2$$

渡槽过水断面面积为

$$A_2 = b_2 h_2 = 3 \times 2.7 = 8.1 \text{ m}^2$$

将 A_1、A_2、v_1 值代入式（3-2），即得渡槽的断面平均流速为

$$v_2 = \frac{A_1}{A_2} v_1 = \frac{25.5}{8.1} \times 0.6 = 1.89 \text{ m/s}$$

第二节　恒定流的能量方程

在水力学中，能量方程是解决各类泄水建筑物水力计算问题的一个非常重要的方程式，它在水力学中有着十分广泛的应用。理解能量方程的形式和意义，掌握能量方程的使用方法，对于解决生产实际问题和水力学的学习均具有十分重要的意义。

一、几个有关的物理概念

1. 功

设作用在液流系统上的力为 F，某一时段内系统在力方向上的位移为 S，则功为

$$W = FS$$

式中　W——功，J。

2. 动能

某液流系统的质量为 m，速度为 v，则其动能为

$$E_K = \frac{1}{2} m v^2$$

式中　E_K——动能，J。

3. 动能定理

液流系统在某一时段内动能的增量，等于作用于该物体上的全部外力所作的功。即

$$\sum W = \Delta E_K$$

式中　$\sum W$——所有外力对系统作的功；

ΔE_K——某时段内动能的增量。

二、恒定流的能量方程

如图 3-4 所示的总流，取 1—1、2—2 两个断面之间的水体为系统。

各外力对系统所作的功分别为：

（1）重力功。重量为 G 的水体，对于图示的基准面 0—0 而言，其重力所作的功为

$$W_G = G(z_1 - z_2) = \gamma V(z_1 - z_2)$$

（2）压力功。作用在断面 1—1 和 2—2 上的压力功可分别表示为

$$W_{F_1} = F_1 S_1 = p_1 A_1 S_1 = p_1 V_1$$

$$W_{F_2} = -F_2 S_2 = -p_2 A_2 S_2 = -p_2 V_2$$

（3）阻力功。由于阻力与位移方向（水流方向）相反，故阻力所作的功为负。设单位

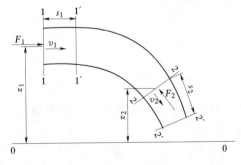

图 3-4

42

重量液体从 1—1 断面流到 2—2 断面平均阻力功为 $-h_w$，对于重量为 G 的液体，有

$$W_{F_f} = -Gh_w = -\gamma V h_w$$

系统动能的增量讨论如下：

在 $t=0$ 时刻，系统的两个断面为 1—1 和 2—2，系统的动能记作 E_{K12}（0），且

$$E_{K12}(0) = E_{K11'}(0) + E_{K1'2}(0)$$

在 t 时刻，系统运动到新位置，其断面为 1′—1′、2′—2′，其动能记作 $E_{K1'2'}$（t），且

$$E_{K1'2'}(t) = E_{K1'2}(t) + E_{K22'}(t)$$

显然，系统经时段 t 后，其动能的增量为

$$\Delta E_K = E_{K1'2'}(t) - E_{K12}(0)$$
$$= [E_{K1'2}(t) + E_{K22'}(t)] - [E_{K11'}(0) + E_{K1'2}(0)]$$

对于恒定流 $E_{K1'2}$（t）$= E_{K1'2}$（0），故

$$\Delta E_K = E_{K22'}(t) - E_{K11'}(0) = \frac{1}{2}m_2 v_2^2 - \frac{1}{2}m_1 v_1^2$$

由动能定理，有

$$W_G + W_{F_1} + W_{F_2} + W_{F_f} = \Delta E_K$$

因不可压缩的液体 $V_1 = V_2 = V$，$m_1 = m_2 = m$，即得

$$\gamma V(z_1 - z_2) + p_1 V - p_2 V - \gamma V h_w = \frac{1}{2}m(v_2^2 - v_1^2) \tag{3-4}$$

上式两边同除以 γV，经整理得到

$$z_1 + \frac{p_1}{\gamma} + \frac{v_1^2}{2g} = z_2 + \frac{p_2}{\gamma} + \frac{v_2^2}{2g} + h_w \tag{3-5}$$

上式是按断面平均流速考虑时，所得出的能量方程。因为断面上实际流速的分布是不均匀的，可以证明，按断面平均流速所计算的动能要小于按实际流速计算的动能，应加以修正。为此，引入动能修正系数 α 对式（3-5）加以修正后，即得

$$z_1 + \frac{p_1}{\gamma} + \frac{\alpha_1 v_1^2}{2g} = z_2 + \frac{p_2}{\gamma} + \frac{\alpha_2 v_2^2}{2g} + h_w \tag{3-6}$$

对于均匀流或一般渐变流，取动能修正系数 $\alpha = 1.05 \sim 1.10$。为简便计算，有时取 $\alpha_1 = \alpha_2 = 1.0$。

上式表明：实际水流上游断面的单位总机械能总是大于下游断面的单位总机械能的，即 $E_1 > E_2$。可见，水流总是从机械能大的断面流向机械能小的断面。

式（3-6）就是恒定流的能量方程式，又叫伯努利方程式，它反映了单位重量水体在运动过程中能量守恒与转化的规律。也是水力学中最重要的基本方程之一。能量方程给出了渐变流断面与断面之间的流速 v，动水压强 p 和位置高度 z 三者之间的变化关系。它和连续性方程式联合运用可以求解许多水力学计算问题。所以，能量方程式在水力学中是起主导作用的，应熟练掌握。

【例 3-4】 如图 3-5 所示为一滚水坝，取下游河床的底部为基准面，测得：坝上游 1—1 断面的水面距基准面高度 $z_1 = 6$m，断面平均流速 $v_1 = 0.5$m/s，坝下游 2—2 断面

的水面距基准面的高度 $z_2=0.4\text{m}$，断面平均流速 $v_2=7.3\text{m/s}$，已知 1—1 和 2—2 断面均为渐变流断面。试求该两断面上的各项单位能量。

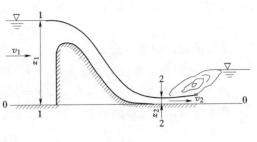

图 3-5

解：由于坝上游 1—1 断面和下游 2—2 断面均为渐变流断面，可取断面上任一点作为计算代表点（简称为代表点）。因水面上的压强为大气压强，相对压强为零。故取水面点作为代表点，并取 $\alpha=1.0$。

（1）计算 1—1 断面处的各项单位能量：

单位位能 $\qquad\qquad\qquad z_1=6\text{ m}$

单位压能 $\qquad\qquad\qquad \dfrac{p_1}{\gamma}=0$

单位势能 $\qquad\qquad e_s=z_1+\dfrac{p_1}{\gamma}=6+0=6\text{ m}$

单位动能 $\qquad\qquad \dfrac{\alpha v_1^2}{2g}=\dfrac{1.0\times 0.5^2}{2\times 9.8}=0.013\text{ m}$

单位总机械能 $\quad E_1=z_1+\dfrac{p_1}{\gamma}+\dfrac{\alpha v_1^2}{2g}=6+0+0.013=6.013\text{ m}$

（2）计算 2—2 断面处的各项能量：

单位位能 $\qquad\qquad\qquad z_2=0.4\text{ m}$

单位压能 $\qquad\qquad\qquad \dfrac{p_2}{\gamma}=0$

单位势能 $\qquad\qquad e_s=z_2+\dfrac{p_2}{\gamma}=0.4+0=0.4\text{ m}$

单位动能 $\qquad\qquad \dfrac{\alpha v_2^2}{2g}=\dfrac{1.0\times 7.3^2}{2\times 9.8}=2.719\text{ m}$

单位总机械能 $\quad E_2=z_2+\dfrac{p_2}{\gamma}+\dfrac{\alpha v_2^2}{2g}=0.4+0+2.719=3.119\text{ m}$

三、能量方程的意义

关于能量方程中 z 和 p/γ 的物理意义（能量意义），在第二章中已作了比较详细的介绍，在此不再重复。而 $\dfrac{\alpha v^2}{2g}$ 表示过水断面上单位重量水体的平均动能，简称为单位动能。h_w 则表示 1、2 断面间单位重量水体机械能损失的平均值，简称为能量损失。下面主要介绍能量方程的几何意义。

正如第二章中已介绍过的位置水头 z、压强水头 p/γ 及单位势能 $z+p/\gamma$ 一样，运动水流的单位动能 $\alpha v^2/2g$、单位总机械能 E（$z+p/\gamma+\alpha v^2/2g$）及单位机械能损失 h_w 的单位也都是长度单位，故都可以用一段几何高度来表示其大小。在水力学中，我们称这种几何高度为"水头"。为加深对能量方程的理解，常根据水流沿程各断面各类水头的变化

44

情况，来形象地反映能量守恒与转化的意义。这种用几何高度来表征的能量方程的意义，便称为能量方程的几何意义。在几何意义上我们称 $\alpha v^2/2g$ 为流速水头；称 E 为总水头；称 h_w 为水头损失。

1. 测压管水头线及总水头线

（1）测压管水头线。沿水流各断面的测压管水头 $z+p/\gamma$ 或测压管水面的连线称为测压管水头线。

（2）总水头线。沿水流各断面的总水头 $z+p/\gamma+\alpha v^2/2g$ 顶端的连线称为总水头线。

2. 测压管水头线及总水头线的绘制

对管道或明渠水流，若以能量方程式为依据，按照一定的比例，将水流沿程各特征断面（变化了尺寸的断面或已知水头的断面）的测压管水头，用几何线段绘出，并根据过水断面的变化情况分析测压管水头沿程的变化规律，再作各特征断面测压管水头（测压管水面）的连线，即得测压管水头线；将各特征断面的测压管水头加上一个相应的流速水头，便得到特征断面的总水头，作各特征断面总水头顶端的连线，即得总水头线。图 3-6 即为一段压力管流的测压管水头线和总水头线的示意图。

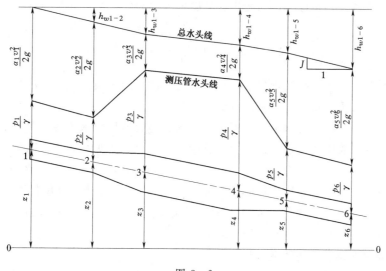

图 3-6

图 3-6 中管流各断面中心离基准面的高度就代表各断面的位置水头 z，所以管轴线就表示位置水头 z 沿流程的变化。

在各断面的中心向上作铅垂线，取长度等于该断面中心点的压强水头 p/γ，得到各断面的测压管水头 $z+p/\gamma$。作各断面测压管水头（测压管水面）的连线，即得测压管水头线。如图 3-6 中 1～6 各断面上的 $z+p/\gamma$ 的连线，就是测压管水头线。测压管水头线至管轴线之间的铅直距离表示沿流程各断面中心点压强水头的大小。如果测压管水头线在管轴线以下，表示断面中心点的压强水头为正，即压强为正；若测压管水头线在管轴线的以下，表示断面中心点的压强水头为负，即该断面处出现了负压。

在各断面测压管水头上加上各断面相应的流速水头 $\alpha v^2/2g$，得到各断面的总水头 $E=z+p/\gamma+\alpha v^2/2g$，作各断面总水头顶端的连线，即得总水头线。它反映水流单位总机械能沿程变化的情况，也反映了水头损失沿程变化的情况。如图中 1~6 断面总水头线是沿程下降的，表明水头损失是沿程增加的；从图中所量得的任意两断面之间总水头的降低值即为该两断面之间的水头损失。

3. 水力坡度与测压管坡度

（1）水力坡度。由于实际水流沿程总是存在水头损失的，所以总水头线总是沿程下降的。总水头线沿流程的降低值与流程长度之比，称为水力坡度（或总水头线坡度），以 J 表示。显然，水力坡度表示单位流程长度上水头损失的大小，如果两断面间的流程长度为 L，在此流程长度上总水头线的降低值为 h_w（即两断面之间的水头损失），当总水头线为直线时，则其水力坡度可表示为

$$J = \frac{h_w}{L} \qquad (3-7)$$

由于 h_w 总是大于零的，故 J 恒为正。

（2）测压管坡度。由于压能与动能可以相互转化，故测压管水头线可沿程下降，也可沿程上升。测压管水头的降低（或增加）值与流程长度之比，称为测压管坡度，以 J_p 表示。如果测压管水头线为直线，则测压管坡度可表示为

$$J_p = \frac{\left(z_1 + \dfrac{p_1}{\gamma}\right) - \left(z_2 + \dfrac{p_2}{\gamma}\right)}{L} \qquad (3-8)$$

由上式不难看出，测压管坡度 J_p 可能为正，也可能为负。当 J_p 为正时，测压管水头线沿程下降；当 J_p 为负时，测压管水头线沿程上升。

通过测压管水头线和总水头线，即可以清晰、直观地反映水流各项单位机械能沿程转化的情况。在较长的压力输水管道水力计算中，常常绘制水头线，以帮助分析管道沿程的受压情况。

在明渠均匀流动中，因流速沿程保持不变，$\alpha v^2 / 2g$ 为常数，单位长度流程上的水头损失也保持不变，所以总水头线是一条下降且与水面平行的直线，此时的测压管水头线即为明渠的水面线。水面线与总水头线之间的铅直距离为 $\alpha v^2 / 2g$。

四、能量方程的应用条件及步骤

能量方程在水力学中的应用极为广泛，为了更好地理解和运用能量方程，必须注意其应用条件。

1. 能量方程的应用条件

应用能量方程时，必须满足以下几个条件：

（1）水流必须是均质、不可压缩的恒定流。

（2）所取的两个断面必须是均匀流或渐变流断面（注意：两个断面之间的水流可以不是渐变流）。

（3）两个断面之间没有能量的输入或输出。如果有能量的输入（如两断面间有抽水机对水流作功）或输出（如两断面间有水流对水轮机作功）则能量方程应改为

$$z_1 + \frac{p_1}{\gamma} + \frac{\alpha_1 v_1^2}{2g} \pm H = z_2 + \frac{p_2}{\gamma} + \frac{\alpha_2 v_2^2}{2g} + h_w \qquad (3-9)$$

其中，H 为两断面间输入（取正号）或输出（取负号）的单位机械能。在遇到可以推广应用能量方程的其它情况时，必须注意该水流运动的特点并遵循其相应的应用条件和规定。

2. 能量方程的应用步骤

（1）选择断面。首先两个断面必须取在均匀流或渐变流段上，一般应取在边界比较平直的地方（可根据流线的弯曲程度来判断）。其次应根据边界情况和需要解决的问题，选择已知条件较多的断面和选择需要求解运动要素的断面，如管流的出口断面、水流表面为大气压的断面等。

（2）选择代表点。选好断面后，还要在断面上选取一个代表点，由于在均匀流或渐变流断面上各点的单位势能 $z+p/\gamma$ 为同一常数，因此，在计算断面的平均势能时，可在断面上任选一点作为代表点，对明渠水流常选水面上的点作为代表点；压力管流则常选管轴线上的点作为代表点。

（3）选择基准面。单位位能的大小是相对的，分析时，要选定一个基准面，作为计算单位位能的起算点。基准面是可以任意选定的水平面，但为了避免单位位能出现负值，常把基准面选在两代表点中位置较低的那一点的下面或与该点重合。

（4）代入能量方程求解待求未知量。

应该注意的是，在应用能量方程时，对于有些问题，还往往需要与连续性方程联立才能求解。

较好地掌握能量方程应用的关键是，正确作好断面、代表点和基准面的选择（简称为"三选"）。"三选"的原则比较灵活，但"好"的标准却只有一个，那就是：未知项越少就越好。可见，恰当地作好"三选"，对于减少未知项，简化计算具有十分重要的意义。例如，代表点选在自由表面则该点的单位压能 $p/\gamma=0$；基准面通过代表点则该点的单位位能 $z=0$ 等。这些都是减少未知项，实现简化计算的手段。

为了能够熟练地掌握"三选"，现将"三选"中的一些常用作法，归纳于表 3-1。

表 3-1　　　　　　　　　　　　"三 选" 简 要 归 纳 表

名　称	基 本 原 则	常　用　选　法	
断面选择	凡渐变流（或均匀流）断面均可	明渠	堰（或闸）前断面、泄水建筑物下游收缩断面
		压力管道	管前进口断面、管前大容器液面、自由管流出口断面*、p 或 z 待求的断面
代表点选择	凡渐变流（或均匀流）断面上的点均可	明渠	水面点
		压力管道	过水断面中心点
基准面选择	凡水平面均可	明渠	过两断面中较低的底部点作水平面（平底时，过渠底作水平面）
		压力管道	过两断面中较低的中心点作水平面（水平管道过轴线作水平面）
		管、渠综合**	过上游（或下游）河（渠）水面作基准面

* 　该断面上 $z+p/\gamma \neq C$；

** 　管道在上、下游具有进水、出水池（渠）。

【例 3 - 5】　某水库的溢流坝，如图 3 - 7 所示。水流流经溢流坝时，在溢流坝附近所产生的水头损失 $h_w = 0.1 v_{co}^2/2g$，上游水面及下游底板高程如图 3 - 7 所示。因水库过水断面很大，忽略其流速水头的影响。下游收缩断面处的水深 $h_{co} = 1.2 \text{m}$，求该断面处的平均流速 v_{co}。

解： 应用能量方程求 v_c 时，步骤如下：

（1）选择断面。因坝顶及转弯处水流为急变流，故 1—1 断面应选在距坝上游一段距离的水库中（该断面可理解为渐变流与急变流的交界断面，水力学中称为行近断面，该断面的平均流速习惯上用 v_0 表示），该处流线为接近平行的直线，属渐变流断面。2—2 断面必须选在下游收缩断面处，因为该断面流速 v_{co} 是待求的。但该断面是否为渐变流断面则要看下游水流的条件而定，不过在水力学中，一般都将该断面视为渐变流断面。

（2）选择代表点。在 1—1 及 2—2 断面上，水面均为大气压，故代表点均选在两断面的水面上。

（3）选择基准面。基准面的选择以计算单位势能方便为原则，对于明渠基准面一般通过下游断面的最低点，如图 3 - 7 所示。

（4）对 1—1、2—2 断面列能量方程，有

$$z_1 + \frac{p_1}{\gamma} + \frac{\alpha_1 v_1^2}{2g} = z_2 + \frac{p_2}{\gamma} + \frac{\alpha_2 v_2^2}{2g} + h_w$$

取 $\alpha_1 = \alpha_2 = 1.0$，且

$$z_1 = 115.5 - 100.5 = 15 \text{ m}$$

$$z_2 = h_{co} = 1.2 \text{ m}$$

$$\frac{p_1}{\gamma} = \frac{p_2}{\gamma} = \frac{p_a}{\gamma} = 0$$

$$\frac{\alpha_1 v_1^2}{2g} = \frac{\alpha_0 v_0^2}{2g} \approx 0$$

$$h_w = 0.1 \frac{v_{co}^2}{2g}$$

代入能量方程，得

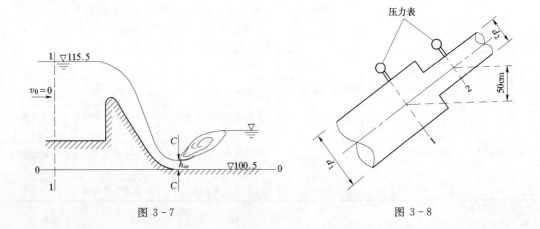

图 3 - 7　　　　　　　　　　　　　　　　　图 3 - 8

$$15+0+0=1.2+0+\frac{v_{co}^2}{2g}+0.1\frac{v_{co}^2}{2g}$$

解得

$$v_{co}=\sqrt{\frac{2g(15-1.2)}{1.1}}=\sqrt{\frac{2\times9.8\times13.8}{1.1}}=15.4 \text{ m/s}$$

【例 3-6】 有一输水管，由不同直径的大小管段所组成，如图 3-8 所示，大管直径 $d_1=40\text{cm}$，小管直径 $d_2=20\text{cm}$，在两管段中分别取渐变流断面 1 和 2，并安装压力表。两断面中心点的动水压强分别为 $p_1=63700\text{Pa}$，$p_2=58800\text{Pa}$，并已知断面 1 的平均流速 $v_1=0.8\text{m/s}$，试确定管道中的水流方向和两断面间的水头损失。

解：1. 确定管中的水流方向

因为水流总是从总机械能大的断面流向总机械能小的断面，故只需比较断面 1 和断面 2 的总机械能的大小，即可判别水流的流向。

取 $\alpha_1=\alpha_2=1.0$，以通过断面 1 中心点的水平面为基准面，由连续性方程，得

$$v_2=\frac{v_1 A_1}{A_2}=v_1\left(\frac{d_1}{d_2}\right)^2=0.8\times\left(\frac{0.4}{0.2}\right)^2=3.2 \text{ m/s}$$

断面 1 的总机械能为

$$\begin{aligned}E_1&=z_1+\frac{p_1}{\gamma}+\frac{\alpha_1 v_1^2}{2g}\\&=0+\frac{63.7}{9.8}+\frac{0.8^2}{2\times9.8}\\&=0+6.5+0.033\\&=6.533 \text{ m}\end{aligned}$$

断面 2 的总机械能为

$$\begin{aligned}E_2&=z_2+\frac{p_2}{\gamma}+\frac{\alpha_2 v_2^2}{2g}\\&=0.5+\frac{58.8}{9.8}+\frac{3.2^2}{2\times9.8}\\&=0.5+6+0.522\\&=7.022 \text{ m}\end{aligned}$$

因 $E_2>E_1$，故水流由 1 断面流向 2 断面。

2. 求两断面间的水头损失

$$h_w=E_2-E_1=7.022-6.533=0.489 \text{ m}$$

【例 3-7】 如图 3-9 从水塔引出的水管末端连接一个消防喷水枪，将水枪置于和水塔液面高差 $H=10\text{m}$ 的地方，若水管及喷水枪系统的水头损失 $h_w=3\text{m}$，试问喷水枪所喷出的液体最高能达到的高度 h 为多少？（不计在空气中的能量损失）。

解：液体从水塔流至喷水枪再喷至最高点 2，取水塔液面作为一个过水断面，该断面流速很小，可视 $\frac{\alpha_1 v_1^2}{2g}\approx0$。另取喷至最高位置末端 2 为一断面，到达最高点时水质点流速亦为零，以喷水枪出口水平面为基准面，对断面 1 和断面 2 列能量方程，有

$$H + 0 + 0 = h + 0 + 0 + 0$$

即得喷水枪喷出的液体最高能达到的高度为

$$h = 10 - 3 = 7 \text{ m}$$

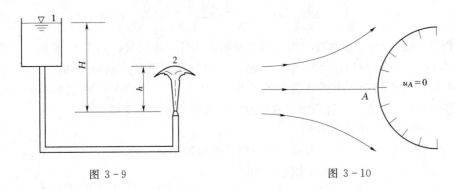

图 3-9   图 3-10

五、毕托管测速仪

当水流绕物体流动时，物体表面受水流顶冲点 A 的流速 $u_A = 0$，水流的动能全部转化为压能，该点称为驻点，如图 3-10 所示。毕托管就是利用能量转化原理，被广泛用作测量流速的仪器。

对于图 3-11 所示的水流。当我们要测量水流中 A 点的流速时，可以将一根两端开口的细管弯成 90°，一端放在测点 A 处，正对来流的方向，另一端垂直向上，如图 3-11 (b) 所示。此时水流绕流经过细管头部，在管口 A 处水流受到顶托，管内水面上升。水面稳定后，A 点不再进水，形成驻点，流速为零，水流的动能全部转化为压能，压强升高为 p_A，管中水面上升至 h_2。如果基准面为过 A 点的水平面，则 A 点水流的总机械能为

$$E = \frac{p_A}{\gamma} = h_2$$

再将一根前端封闭的 90° 细弯管，在侧面开一小孔，把开孔处置于被测点 A 处，孔口与水流流速平行，不影响动水压强。这时弯管中水面上升到 h_1 的高度，与管外水面平齐，如图 3-11 (a) 所示。它表明此时 A 点的压强水头 $p_{A1}/\gamma = h_1$，相对于基准面，A 点处的总机械能为

$$E = \frac{p_{A1}}{\gamma} + \frac{u_A^2}{2g} = h_1 + \frac{u_A^2}{2g}$$

因 A 点的总机械能不变，故得

$$h_1 + \frac{u_A^2}{2g} = h_2$$

或

$$h_2 - h_1 = \frac{u_A^2}{2g} = \Delta h$$

即得 A 点的流速

$$u_A = \sqrt{2g \Delta h} \qquad\qquad (3-10)$$

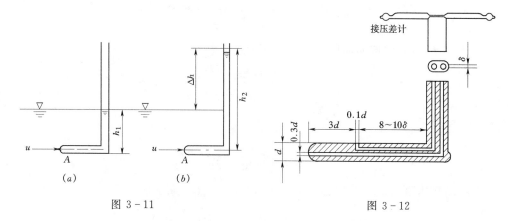

图 3-11   图 3-12

实际的毕托管是把两根细管纳入一根弯管中，如图 3-12 所示。前端的小孔为静压测孔，侧面的小孔为动压测孔，两个小孔分别从不同的通道接在压差计的两支测压管上。考虑到两个小孔的位置不同，以及毕托管加工工艺和对水流产生的干扰，在应用式（3-10）计算水流流速时，应乘一校正系数 c，即

$$u_A = c \sqrt{2g \Delta h} \tag{3-11}$$

校正系数 c 值的大小应由毕托管生产厂家试验率定，一般约为 $0.98 \sim 1.0$。图 3-12 所示的毕托管尺寸，可使 $c=1.0$，使用较为方便。毕托管的构造形式不一，图 3-12 只是比较普遍的一种。

【例 3-8】   在某水槽中用毕托管测流速时，由压差计测得 $\Delta h = 6\text{cm}$，试根据量测结果确定该点的流速。

解：取毕托管的校正系数 $c=1.0$，则由式（3-11）得

$$u = c \sqrt{2gh} = 1.0 \times 4.427 \times \sqrt{0.06} = 1.08 \text{ m/s}$$

六、文丘里流量计

文丘里流量计，是安装于管道中的一种常见的流量量测设备，它由上游收缩段，中间断面最小的喉管段及下游扩散段组成。两端断面的直径要求和管道的直径相等。在收缩段前的断面及喉管的断面上安装测压管，如图 3-13 所示。由于管径的收缩引起动能的增大，压能相应降低，只要用测压管测得该两断面的测压管水头差 h，应用能量方程，即可求得通过管道的流量。

今设管道是水平放置的，取安装测压管的断面为 1—1 和 2—2。两断面的直径分别为 d_1 及 d_2，平均流速为 v_1 和 v_2，根据连续性方程，得

$$v_1 = v_2 \frac{A_2}{A_1} = v_2 \frac{d_2^2}{d_1^2}$$

断面 1—1 和 2—2 均在渐变流段上，因两断面相距很近，暂不计水头损失。以管道轴线为基准面，对断面 1—1 及 2—2 列能量方程，得

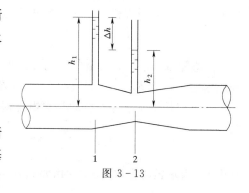

图 3-13

$$z_1 + \frac{p_1}{\gamma} + \frac{\alpha_1 v_1^2}{2g} = z_2 + \frac{p_2}{\gamma} + \frac{\alpha_2 v_2^2}{2g}$$

取 $\alpha_1 = \alpha_2 = 1.0$，以两断面的中心点为代表点，因

$$z_1 = z_2 = 0$$

$$p_1/\gamma = h_1, \quad p_2/\gamma = h_2$$

代入方程，则得

$$h_1 - h_2 = \frac{v_2^2}{2g} - \frac{v_1^2}{2g}$$

设两断面间的测压管水头差 $\Delta h = h_1 - h_2$，得

$$\Delta h = \frac{v_2^2}{2g} - \frac{1}{2g}\left(v_2 \frac{d_2^2}{d_1^2}\right)^2 = \frac{v_2^2}{2g}\left(1 - \frac{d_2^4}{d_1^4}\right)$$

解得

$$v_2 = \frac{1}{\sqrt{1 - \dfrac{d_2^4}{d_1^4}}}\sqrt{2g\,\Delta h} = \frac{d_1^2}{\sqrt{d_1^4 - d_2^4}}\sqrt{2g\,\Delta h}$$

因此，通过文丘里流量计的流量为

$$Q = A_2 v_2 = \frac{\pi d_1^2 d_2^2}{4\sqrt{d_1^4 - d_2^4}}\sqrt{2g\,\Delta h}$$

令

$$K = \frac{\pi d_1^2 d_2^2}{4\sqrt{d_1^4 - d_2^4}}\sqrt{2g}$$

则得

$$Q = K\sqrt{\Delta h} \tag{3-12}$$

式（3-12）中，对于一个给定的文丘里流量计，K 为确定的常数。故只要测得测压管的水头差 Δh，即可通过式（3-12）计算出相应的流量 Q。

但对于实际水流，水头损失总是存在的。显然，管道的实际流量一定会小于由上式算出的流量，必须予以修正，引入修正系数 μ，则得

$$Q = \mu K\sqrt{\Delta h} \tag{3-13}$$

μ 值随流动情况，管道收缩的几何形状以及加工、安装的工艺水平而定，需直接量测加以率定。一般情况下，μ 值约在 0.98 左右。

如果文丘里流量计安装的是水银压差计，如图 3-14 所示，由压差计原理可知

$$\frac{p_1}{\gamma} - \frac{p_2}{\gamma} = \frac{\gamma_m - \gamma}{\gamma}\Delta h = 12.6\Delta h$$

其中 γ_m 为水银的容重，Δh 为由水银压差计中读出两水银面高差。此时文丘里流量计的

流量按下式计算

$$Q = \mu K \sqrt{12.6\Delta h} \qquad\qquad (3-14)$$

【例 3 - 9】　有一自来水管装有文丘里流量计，如图 3 - 14 所示。已知管径 $d_1 =$
100mm，喉管直径 $d_2 = 60$mm，测得 $\Delta h =$
0.45m，取 $\mu = 0.98$，求通过管中的流量。

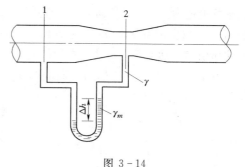

解：先求 K 值：

$$K = \frac{\pi d_1^2 d_2^2}{4\sqrt{d_1^4 - d_2^4}} \times \sqrt{2g}$$

$$= \frac{3.14 \times 0.1^2 \times 0.06^2}{4 \times \sqrt{0.1^4 - 0.06^4}} \times \sqrt{2 \times 9.8}$$

$$= 0.0134 \text{ m}^{5/2}/\text{s}$$

图 3 - 14

由式（3 - 14），即得通过管中的流量为

$$Q = \mu K \sqrt{12.6\Delta h} = 0.98 \times 0.0134 \times \sqrt{12.6 \times 0.45} = 0.03127\text{m}^3/\text{s} = 31.27 \text{ L/s}$$

毕托管和文丘里流量计都是利用能量守恒与转化原理制作的流速和流量量测设备。可
见，它们都是能量方程应用于生产实际的具体例子。

第三节　恒定流的动量方程

在第二章中，已经介绍过静水总压力以及均匀流或渐变流过水断面上动水总压力的计
算方法。在实际工程中，有时还需要解决运动水流对水工建筑物或某些涉水固体边界作用
力的计算问题。例如，水流流经弯曲管段时，常使弯曲管段产生位移或使管段发生破裂、
折断等事故。这就是水流对弯曲管段产生的巨大作用力所造成的。要解决水流对固体边界
作用力的计算问题，就必须应用动量方程。

一、几个有关的物理力学概念

1. 动量

某液流系统的质量为 m，速度为 v，其动量为

$$\boldsymbol{P}_K = m\boldsymbol{v} \qquad\qquad (3-15)$$

式中　$\boldsymbol{P}_K$——液流系统的动量，$\boldsymbol{P}_K$ 是矢量，其方向与速度的方向相同，kg·m/s。

2. 动量定律

某液流系统在单位时间内动量的变化量，等于该系统所受各外力的合力。即

$$\sum \boldsymbol{F} = \frac{m\boldsymbol{v}_2 - m\boldsymbol{v}_1}{t} \qquad\qquad (3-16)$$

式中　$\sum \boldsymbol{F}$——作用于系统各外力的合力；

　　　t——系统由位置 1 运动到位置 2 所经历的时间，s。

二、恒定流的动量方程

1. 动量方程的导出

现以图 3-15 所示的恒定总流为例,取 1—1、2—2 两断面之间的水体为系统。1—1 断面的面积为 A_1,断面平均流速为 v_1;2—2 断面的面积为 A_2,断面平均流速为 v_2。取坐标系如图,先按考虑由断面平均流速的变化所引起的动量变化与外力之间的关系。

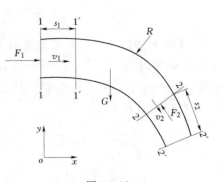

图 3-15

在 $t=0$ 时刻,系统的两个断面为 1—1 和 2—2,系统的动量记作 $\boldsymbol{P}_{K12}(0)$,且

$$\boldsymbol{P}_{K12}(0) = \boldsymbol{P}_{K11'}(0) + \boldsymbol{P}_{K1'2}(0)$$

在 t 时刻,系统运动到新位置,其断面为 $1'$—$1'$、$2'$—$2'$,其动量记作 $\boldsymbol{P}_{K1'2'}(t)$,且

$$\boldsymbol{P}_{K1'2'}(t) = \boldsymbol{P}_{K1'2}(t) + \boldsymbol{P}_{K22'}(t)$$

显然,系统经时段 t 后,其动量的变化为

$$\Delta \boldsymbol{P}_K = \boldsymbol{P}_{K1'2'}(t) - \boldsymbol{P}_{K12}(0)$$
$$= [\boldsymbol{P}_{K1'2}(t) + \boldsymbol{P}_{K22'}(t)] - [\boldsymbol{P}_{K11'}(0) + \boldsymbol{P}_{K1'2}(0)]$$

对于恒定流 $\boldsymbol{P}_{K1'2}(t) = \boldsymbol{P}_{K1'2}(0)$,故

$$\Delta \boldsymbol{P}_K = \boldsymbol{P}_{K22'}(t) - \boldsymbol{P}_{K11'}(0) \tag{3-17}$$

式中 $\boldsymbol{P}_{K11'}$——时段 t 内通过 1—1 断面的动量;

        $\boldsymbol{P}_{K22'}$——时段 t 内通过 2—2 断面的动量。

由上式可以看出:①由于 $\boldsymbol{P}_{K1'2}$ 为系统移动前后所共有,且水流是恒定、不可压缩的,故其质量和断面平均流速均保持不变,因而该段水体的动量也保持不变;②时段 t 内系统动量的变化量 $\Delta \boldsymbol{P}_K$,等于同一时段内由 2—2 断面流出的动量与由 1—1 断面流入的动量之差。

因为通过 1—1、2—2 断面的动量分别为

$$\boldsymbol{P}_{K11'} = \rho Q \boldsymbol{v}_1 t$$

$$\boldsymbol{P}_{K22'} = \rho Q \boldsymbol{v}_2 t$$

于是动量的变化量为

$$\Delta \boldsymbol{P}_K = \boldsymbol{P}_{K22'} - \boldsymbol{P}_{K11'} = \rho Q (\boldsymbol{v}_2 - \boldsymbol{v}_1) t \tag{3-18}$$

由动量定律,即得此时动量的变化与外力之间的关系为

$$\sum \boldsymbol{F} = \rho Q (\boldsymbol{v}_2 - \boldsymbol{v}_1) \tag{3-19}$$

上式是按断面平均流速考虑时,所得出的动量方程。由于断面上实际流速的分布是不均匀的,可以证明,按断面平均流速所计算的动量要小于按实际流速计算的动量,须予以修正。为此,引入动量修正系数 β 对式 (3-19) 加以修正后,即得

$$\sum \boldsymbol{F} = \rho Q(\beta_2 \boldsymbol{v}_2 - \beta_1 \boldsymbol{v}_1) \tag{3-20}$$

在均匀流或一般的渐变流中，取动量修正系数 $\beta = 1.02 \sim 1.05$。为简便计，有时取 $\beta_1 = \beta_2 = 1.0$。

式（3-20）即为恒定流的动量方程。它表明：运动水流在所研究的流段上单位时间内动量的增量等于作用于该流段水体上的合外力。

上述动量方程是一个矢量方程，使用很不方便，故应用时一般写成在直角坐标系下的投影形式，即

$$\left.\begin{array}{l} \sum F_x = \rho Q(\beta_2 v_{2x} - \beta_1 \boldsymbol{v}_{1x}) \\ \sum F_y = \rho Q(\beta_2 v_{2y} - \beta_1 \boldsymbol{v}_{1y}) \end{array}\right\} \tag{3-21}$$

式中　　$\sum F_x$、$\sum F_y$——作用所取水体上的各外力在坐标轴 x、y 方向投影的代数和；

　　　　　β_1、β_2——水体的上游过水断面 1—1 和下游过水断面 2—2 的动能修正系数，在计算时一般取 $\beta_1 = \beta_2$；

　　　　　v_{1x}、v_{1y}——所取水体的上游过水断面 1—1 的断面平均流速 $\boldsymbol{v}_1$ 在坐标轴 x、y 方向的投影；

　　　　　v_{2x}、v_{2y}——所取水体的下游过水断面 2—2 的断面平均流速 $\boldsymbol{v}_2$ 在坐标轴 x、y 方向的投影。

应该注意的是，外力 $\boldsymbol{F}$ 及平均流速 v 在投影时，当它们的方向与坐标轴的方向一致时其投影为正；反之，为负。

恒定流的动量方程，主要用于求解固体边界对水流或水流对固体边界的作用力，也可用于求解动水压强、断面平均流速及流量等。应用动量方程求解外力时，不需要知道流段内能量损失的多少，只要知道流段两端过水断面上的动水压强以及断面平均流速的大小即可。

2. 动量方程的应用条件与步骤

（1）动量方程的应用条件：

1）水流必须是均质、不可压缩的恒定流。

2）为避免在断面上出现离心惯性力，两断面应为均匀流或渐变流断面，但两断面之间可以存在急变流。

（2）动量方程的应用步骤：

1）取脱离体。根据待求解问题的要求，在水流中选定两个均匀流或渐变流断面，"剥去"两断面之间的固体边界（以力代替固体边界，如：摩擦力、边界对水体各类作用力的合力等），将两断面之间的水体"取出"作为脱离体。可见：整个脱离体的外表面，由脱离体两端的均匀流或渐变流断面、固体或气体边界与水流的接触面所构成。

2）作计算简图。计算简图是指在脱离体上标注了全部作用力及流速方向的示意图。准确作好计算简图的关键是要正确地作好受力分析。一般作用在脱离体上的力有：①重力 G；②两端过水断面上的动水压力 $\boldsymbol{F}_1$ 及 $\boldsymbol{F}_2$；③固体边界作用于脱离体上的合力 $\boldsymbol{R}$，它是分布在整个边界表面的力（$\boldsymbol{R}$ 包括：边界对水体的摩擦力、脱离体内急变流段动水压力的反作用力，等）。

3）选坐标系。根据计算简图中力及平均流速的方向，选取适当的坐标系。在水力学中，所选的坐标系，一般为正交的直角坐标系。

4）代入动量方程式（3-21）求解待求的未知量。

3. 动量方程应用中应注意的几个问题

（1）动量方程式（3-21）是投影方程，应用时要注意各力及断面平均流速投影的正、负。

（2）动量方程的右边是流出的动量减流入的动量，切忌颠倒。

（3）脱离体中固体边界对水流的反作用力 R 与水流对固体边界的作用力 R' 大小相等，方向相反。应用动量方程求得的是 R，而水流对固体边界的作用力 $R' = -R$（负号表示 R' 与 R 的方向相反）。当待求未知力的方向未知时，可先假定其方向，如求出的结果为正时，说明原假定方向正确；否则，则说明所求未知力与原假定的方向相反。

（4）在应用动量方程式时，如果未知数的个数超过方程的个数，则应考虑与连续性方程和能量方程联合求解。

在动量方程应用时，恰当地做好取脱离体、作计算简图和选坐标系（简称为"三步"）是非常重要的。"三步"做好了，对于计算结果的可信度、求解方法的繁简和难易程度等，都有很大的实际意义。为学习上的方便，现将"三步"简要归纳于表3-2中。

表 3-2   "三 步" 简 要 归 纳 表

名　称	扼　要　归　纳
取脱离体	1. 离体是一由两渐变流（或均匀流）断面"切出"、并"剥去"了固体边界的水体； 2. 脱离体的边界：脱离体两端的渐变流（或均匀流）断面；液体与固体或气体边界的接触面
绘计算简图	1. 计算简图是一在脱离体上标出了全部作用力及流速方向的示意图； 2. 作用于脱离体上的力包括： （1）表面力：1）两端断面处相邻水体对脱离体的动水总压力；2）周界表面对脱离体的作用力（含：作用于脱离体周界表面上的动水总压力；脱离体侧表面上的液流阻力） （2）质量力：脱离体内液体的重力 3. 待求未知力可预先假定方向，若解出的结果为正，则假定正确；否则，说明该力与原假定方向相反
选坐标系	1. 坐标系一般为直角坐标系； 2. 坐标系的方向可以任意选取，原则上以使方程中未知项少为宜。应用中往往总是将一轴与某一向量（力或流速）相平行； 3. 坐标轴的正向可任意选定； 4. 坐标系应准确地标定在计算简图上（或附近）

三、动量方程应用举例

（一）水流对弯管段的作用力

【例 3-10】　　抽水机的压力水管，如图3-16（a）所示。1—1与2—2断面之间的弯管段轴线位于铅垂面内。管径 $d = 200\text{mm}$，弯管轴线与水平线的夹角分别为 $\theta_1 = 0°$，$\theta_2 = 45°$，两断面间的管轴线长度 $l = 6\text{m}$。水流经过弯管时将有一推力。为了使弯管不致移动，做一混凝土支座使管道固定。若通过管道的流量为 $Q=30\mathrm{L/s}$，1—1 和 2—2 断面中心点的压强分别为 $p_1=49\mathrm{kPa}$，$p_2=19.6\mathrm{kPa}$。试求支座所受的作用力。

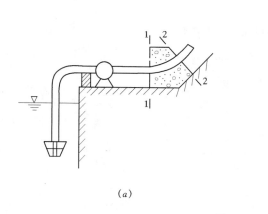 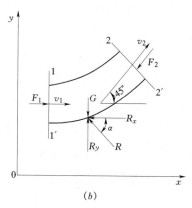

图 3-16

解：（1）取脱离体。取渐变流断面 1—1 和 2—2 间的水体为脱离体。

对脱离体作受力分析如下：

1）1—1 断面的动水总压力 F_1 为

$$F_1 = p_1 A_1 = 49 \times \frac{\pi}{4} \times 0.2^2 = 1.54 \text{ kN}$$

2）2—2 断面的动水总压力 F_2 为

$$F_2 = p_2 A_2 = 19.6 \times \frac{\pi}{4} \times 0.2^2 = 0.615 \text{ kN}$$

3）脱离体的水体重量为

$$G = \gamma A l = 9.8 \times \frac{\pi}{4} \times 0.2^2 \times 6 = 1.85 \text{ kN}$$

4）支座对水流的反作用力 R 为

R 为待求未知力，先假定 R 的方向，如计算简图所示。

两断面的断面平均流速为

$$v_1 = v_2 = \frac{Q}{A} = \frac{0.03}{0.785 \times 0.2^2} = 0.955 \text{ m/s}$$

（2）作计算简图。如图 3-16（b）所示。

（3）选坐标系。选铅垂平面坐标系 xoy，如图 3-16（b）所示。

（4）求支座对水流的反作用力 R。取 $\beta_1=\beta_2=1.0$，列 x 方向的动量方程，由式（3-21）

$$\sum F_x = \rho Q (\beta_2 v_{2x} - \beta_1 v_{1x})$$

有

$$F_1 - F_2 \cos 45° - R_x = \rho Q (v_2 \cos 45° - v_1)$$

即得

$$R_x = F_1 - F_2 \cos 45° - \rho Q (v_2 \cos 45° - v_1)$$

$$= 1.54 - 0.615 \times 0.7071 - 1 \times 0.03 \times (0.955 \times 0.7071 - 0.955)$$

$$= 1.54 - 0.435 + 0.008$$

$$= 1.113 \text{ kN}$$

列 y 方向的动量方程，由式（3-21）

$$\sum F_y = \rho Q(\beta_2 v_{2y} - \beta_1 v_{1y})$$

有 $\qquad R_y - F_2 \sin 45° - G = \rho Q(v_2 \sin 45° - 0)$

即得 $\qquad R_y = F_2 \sin 45° + G + \rho Q v_2 \sin 45°$

$$= 0.615 \times 0.7071 + 1.85 + 1 \times 0.03 \times 0.955 \times 0.7071$$

$$= 0.435 + 1.85 + 0.020$$

$$= 2.305 \text{ kN}$$

则边界对支座的反作用力为

$$R = \sqrt{R_x^2 + R_y^2} = \sqrt{1.113^2 + 2.305^2} = 2.56 \text{ kN}$$

计算结果表明 R_x、R_y 均为正，说明其原假定方向正确，亦即 R 的原假定方向是正确的。

R 与水平线的夹角为

$$\alpha = \text{arctg} \frac{R_y}{R_x} = \text{arctg} \frac{2.305}{1.113} = 64.23°$$

故水流作用于支座的力 $R' = 2.56\text{kN}$，其方向与 R 的方向相反，作用线与水平线的夹角 $\alpha = 64.23°$。

（二）水流对渐变管段的冲击力

【例 3-11】 某水电站压力水管的渐变段，如图 3-17（a）所示。已知直径 $d_1 = 200\text{cm}$，$d_2 = 150\text{cm}$，渐变段起点处压强 $p_1 = 310\text{kPa}$，管中通过的流量 $Q = 3.2\text{m}^3/\text{s}$，不计渐变管段的水头损失。试求固定渐变管段的支座所承受的轴向力。

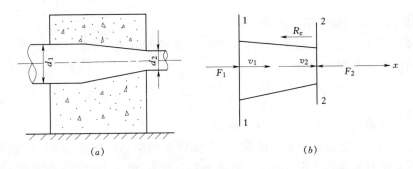

图 3-17

解： （1）取脱离体。以支座前、后的两个渐变流断面 1—1、2—2 的水体为脱离体，如图 3-17（b）所示。对脱离体作受力分析如下：

1）作用于 1—1 断面的动水总压力 F_1 为

$$F_1 = p_1 A_1 = 310 \times 0.785 \times 2^2 = 973.4 \text{ kN}$$

2）作用于 2—2 断面的动水总压力 F_2：

两断面的断面平均流速分别为

$$v_1 = \frac{Q}{A_1} = \frac{3.2}{\frac{\pi}{4} \times 2^2} = 1.02 \text{ m/s}$$

$$v_2 = \frac{Q}{A_2} = \frac{3.2}{\frac{\pi}{4} \times 1.5^2} = 1.81 \text{ m/s}$$

为求 2—2 断面形心处的压强,以过管道轴线的水平面为基准面,两断面的中心点为代表点,取 $\alpha_1 = \alpha_2 = 1.0$,对 1—1、2—2 断面列能量方程,有

$$0 + \frac{310}{9.8} + \frac{1 \times 1.02^2}{2 \times 9.8} = 0 + \frac{p_2}{9.8} + \frac{1 \times 1.81^2}{2 \times 9.8} + 0$$

得

$$p_2 = 9.8 \times \left(\frac{310}{9.8} + \frac{1.02^2}{19.6} - \frac{1.81^2}{19.6} \right)$$

$$= 9.8 \times (31.63 + 0.053 - 0.167)$$

$$= 308.85 \text{ kPa}$$

故

$$F_2 = p_2 A_2 = 308.85 \times \frac{\pi}{4} \times 1.5^2 = 545.51 \text{ kN}$$

3)固定渐变管的支座对水流的轴向作用力 R_x。R_x 为待求的未知力,先假定 R_x 的方向,如计算简图所示。

(2)作计算简图。如图 3-17 (b) 所示。

(3)选坐标系。因只求轴向力,作水平向 x 坐标,如图 3-17 (b) 所示。

(4)求解轴向力。取 $\beta_1 = \beta_2 = 1.0$,列 x 方向的动量方程,由式(3-21)

$$\sum F_x = \rho Q (\beta_2 v_{2x} - \beta_1 v_{1x})$$

有

$$F_1 - F_2 - R_x = \rho Q (v_2 - v_1)$$

得

$$R_x = F_1 - F_2 - \rho Q (v_2 - v_1)$$

$$= 973.4 - 545.51 - 1 \times 3.2 \times (1.81 - 1.02)$$

$$= 425.36 \text{ kN}$$

R_x 为正,说明原假定方向正确。

即固定渐变管段的支座所承受的轴向力 $R'_x = 425.36$kN,其方向与 R_x 相反。

(三)射流对固定表面的作用力

【例 3-12】 水流从喷嘴中水平射向一光滑对称固定表面,如图 3-18 (a) 所示。射流冲击固定表面后分成两股,并沿表面流去。已知喷嘴直径 $d = 4$cm,喷射流量 $Q = 25.2$L/s,每股分流量均为 $Q/2$,设水流通过固定表面前后的流速大小不变。求射流偏转角 θ 分别为 60°、90°、180°时,射流对固定表面的作用力 R',并比较它们的大小。

解:(1)取脱离体。取渐变流过水断面 0—0、1—1 与 2—2 及固定表面所围成的水体作为脱离体,如图 3-18 及图 3-19 所示。对脱离体作受力分析如下:

射流四周及分流后水流表面受大气压强的作用,故所取各断面的相对压强均为零;因表面光滑,则板面阻力及空气阻力均可忽略不计;对水平射流,射流轴线相交组成一个水平面,重力在射流方向的投影为零;所以,外力只有固定表面对水流的反作用力 R。并因

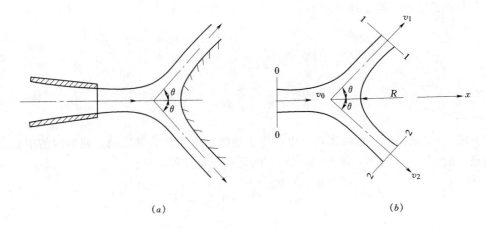

(a)   (b)

图 3 - 18

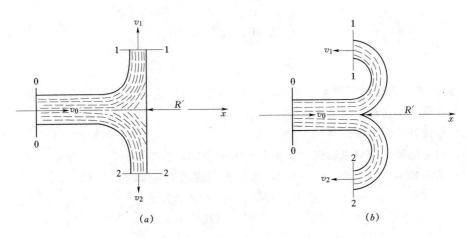

(a)   (b)

图 3 - 19

为固定表面是对称的，故支座对水流的反作用力 R 正对射流。

（2）作计算简图。如图 3 - 18 (b) 所示。

（3）选坐标系。选主流中心线为 x 轴，如计算简图所示。

（4）求支座对水流的反作用力：

$$v_1 = v_2 = v_0 = \frac{Q}{A} = \frac{0.0252}{\frac{\pi}{4} \times 0.04^2} = 20 \text{ m/s}$$

因为分支水流对称于 x 轴，故 $Q_1 = Q_2 = Q/2$。取 $\beta_0 = \beta_1 = \beta_2 = 1.0$，列 x 轴方向的动量方程。并注意到动量方程的右边是流出的动量减流入的动量，即在此情况下 x 轴的动量方程可写为

$$\sum F_x = \left(\rho \frac{Q}{2} v_1 \cos\theta + \rho \frac{Q}{2} v_2 \cos\theta \right) - \rho Q v_0 - R$$

有

$$= \rho \frac{Q}{2} \cos\theta (v_1 + v_2) - \rho Q v_0$$

因 $v_1 = v_2 = v_0$，故得

$$R = \rho Q v_0 - \rho Q v_0 \cos\theta$$
$$= \rho Q v_0 (1 - \cos\theta)$$

下面，分别讨论在三个已知角度下，射流对固定表面的作用力。

作三种情况下的计算简图，分别如图 3-18（b）、图 3-19（a）及图 3-19（b）所示。

（1）当 $\theta = 60°$ 时，固定表面凸向射流，如图 3-18（b）所示，则

$$R = \rho Q v_0 (1 - \cos 60°)$$
$$= 1 \times 0.0252 \times 20 \times (1 - 0.5)$$
$$= 0.252 \text{ kN}$$

射流对固定表面的作用力 R' 与 R 等值、共线、反向，即 R' 指向固定表面。

（2）当 $\theta = 90°$ 时，固定表面为垂直平面，如图 3-19（a）所示，则

$$R = \rho Q v_0 (1 - \cos 90°) = \rho Q v_0 = 1 \times 0.0252 \times 20 = 0.504 \text{ kN}$$

射流对固定表面的作用力 R' 与 R 等值、共线、反向，R' 指向固定表面。

（3）当 $\theta = 180°$ 时，固定表面凹向射流，如图 3-19（b）所示。

$\theta = 180°$ 时，$\cos 180° = -1$，得

$$R = 2\rho Q v_0$$
$$= 2 \times 1 \times 0.0252 \times 20$$
$$= 1.008 \text{ kN}$$

射流对固定表面的作用力 R' 与 R 等值、共线、反向，R' 指向固定表面。

由以上计算可见，三种情况中以 $\theta = 180°$ 时，固定表面凹向射流的情况下，固定表面所受的力为最大。为获得最大的冲击力，冲击式水轮机的水斗一般都根据这一原理来进行设计。

第四节　水头损失及其计算

在本章第二节中，通过水流能量转化和守恒原理，得到了恒定流的能量方程式，它是解决实际工程中许多水力学问题的理论基础。由于实际水流运动的影响因素较多，在应用能量方程求解问题时，水头损失 h_w 的确定是一个比较复杂的问题，它与水流的物理性质、流动形态及边界状况等许多因素有关。现介绍如下。

一、层流、紊流及其判别

1883 年，英国人雷诺从一个简单的试验中发现液流运动具有两种不同的形态——层流和紊流，这就是著名的雷诺试验。图 3-20 为雷诺试验装置的示意图。从水箱一侧引出一根水平的带喇叭口的玻璃管，水箱顶部有一内盛红色液体的小容器，并用一根细导管将红色液体引至玻璃管喇叭形进口的中心，水箱设有溢流墙，以保证在试验时箱内水位保持不变，管中水流为恒定流。细导管进口和玻璃管末端均设有阀门（开关），用以调节红色液体和管中水流的流量和流速。

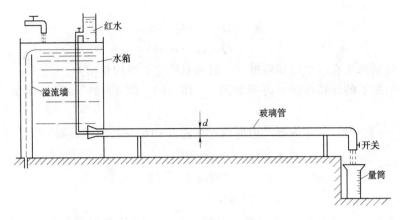

图 3-20

试验时将玻璃管末端的阀门微微打开，箱内的清水便以较小的流速从玻璃管中流出，然后打开细导管阀门，红色液体亦在管中流动。

当玻璃管末端阀门的开度较小时，管中的流速也小，此时可以清晰地看到，管中的红色液体流动时呈一直线状，不与周围的清水相混合，如图 3-21 (a) 示。这种流动形态称为层流。

随着玻璃管末端阀门的开度逐渐加大，管中的流速也相应增大。当流速增大到了一定程度时，红色液流开始颤动，发生弯曲，线条逐渐加粗，最后四向扩散，与周围的水流相混合，导致全部水流染色，如图 3-21 (b) 所示。这说明管中水流质点已不能保持原来规则的流动状态，而是以不规则的、相互混掺的形式在流动，这种流动形态称为紊流。

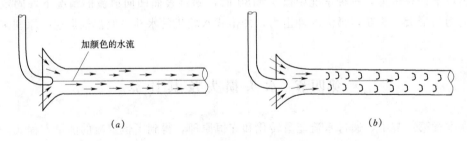

图 3-21

以上试验表明，当玻璃管末端阀门的开度由小到大时，管中水流即由层流转变为紊流。

若以相反的程序进行试验，即将玻璃管末端阀门的开度由大到小时，管中流速由大变小，管中水流则将会由紊流转变为层流。

经大量的试验证明，任何实际液体流动时都存在层流和紊流两种流态。为了鉴别这两种水流流态，将流态发生转变时的相应流速称为临界流速。试验证明，由层流转变为紊流和由紊流转变为层流时，其临界流速是不相等的，层流转变为紊流时的临界流速大，称为上临界流速；而紊流转变为层流时，临界流速小，称为下临界流速。

当流速大于上临界流速时，水流为紊流；当流速小于下临界流速时，水流为层流；而介于上、下临界流速之间的水流可为紊流，也可为层流，应视初始条件和受扰动程度而定。

试验表明，临界流速的大小与液体的性质、温度、过水断面的形状及尺寸等因素有关。可见，若用临界流速来判别液流的流态会很不方便，有时甚至是不可能的。

通过对不同种类的液体，在不同的温度条件下，流过不同形状及尺寸的过水断面时的大量试验资料分析得知，液体流动形态的转变，取决于断面平均流速 v 和水力半径 R 的乘积与液体运动粘度 ν 的比值 vR/ν。此比值称为雷诺数，以 Re 表示，即

$$Re = \frac{vR}{\nu} \qquad (3-22)$$

液体流动形态转变时的雷诺数称为临界雷诺数。层流转变为紊流时的临界雷诺数称为上临界雷诺数；紊流转变为层流时的临界雷诺数称为下临界雷诺数。下临界雷诺数比较稳定，所以在实践中，只根据下临界雷诺数判别流态。以后如不特别说明，临界雷诺数均指下临界雷诺数，并用 Re_c 表示。

试验还表明，液体的性质、温度、过水断面的形状及尺寸等因素的变化对临界雷诺数 Re_c 的影响很小，临界雷诺数是一个比较稳定的数值。一般都认为临界雷诺数 Re_c 等于常数，且取

$$Re_c = \frac{v_c R}{\nu} \approx 500 \qquad (3-23)$$

式中 v_c——液流的下临界流速。

对于圆管流动，为便于计算，以水力半径 $R = \frac{A}{\chi} = \frac{\pi}{4}d^2/\pi d = \frac{d}{4}$，代入式（3-23），则临界雷诺数可表示为

$$Re_c = \frac{v_c d}{\nu} \approx 2000 \qquad (3-24)$$

圆管流动的雷诺数相应定义为

$$Re = \frac{vd}{\nu} \qquad (3-25)$$

对于平行固定壁之间的液流，设两壁之间的间距为 δ，壁宽为 b，以水力半径 $R = A/\chi = b\delta/2b = \delta/2$，代入式（3-23），则临界雷诺数可表示为

$$Re_c = \frac{v_c \delta}{\nu} \approx 1000 \qquad (3-26)$$

此时的雷诺数相应定义为

$$Re = \frac{v\delta}{\nu} \qquad (3-27)$$

综上所述，要判别某运动水流为层流或是紊流，只要计算出该水流的雷诺数 Re 后，再与临界雷诺数 Re_c 进行比较判别即可。并且，无论水流的流动性质和流动边界如何，当水流的雷诺数 $Re < Re_c$ 时，水流为层流运动；当水流的雷诺数 $Re > Re_c$ 时，水流为紊流运动。

应该注意的是，水利工程中所遇到的绝大多数水流均属于紊流。即使对于流速和管径

均较小的自来水，通常也是紊流。

【例 3-13】 某直径 $d=2\text{cm}$ 的自来水管，流速 $Q=0.13\text{L/s}$，当温度 $t=10℃$ 时。试判别该水流是层流还是紊流。

解： 由已知温度 $t=10℃$，查表 1-1 得水的运动粘度为

$$\nu=1.306\times10^{-6}\text{m}^2/\text{s}=0.01306\text{ cm}^2/\text{s}$$

水流的断面平均流速为

$$v=\frac{Q}{A}=\frac{0.00013}{0.785\times0.02^2}=0.41\text{m/s}=41\text{ cm/s}$$

由式（3-25），则得雷诺数为

$$Re=\frac{vd}{\nu}=\frac{41\times2}{0.01306}=6278.7>Re_c=2000$$

因 $Re>Re_c$ 故水流为紊流。

在一般河渠水流中，层流是很少发生的。这是因为河渠水流的断面平均流速 v 和水力半径 R 一般都较大，则相应的雷诺数 Re 也较大，因而通常均属于紊流。

【例 3-14】 试判别下列液流的流动形态：①输水管管径 $d=0.2\text{m}$，通过流量 $Q=5\text{L/s}$，水温 $t=20℃$；②输油管管径 $d=0.2\text{m}$，通过流量 $Q=3\text{L/s}$，已知油的运动粘度 $\nu=4\times10^{-5}\text{m}^2/\text{s}$。

解：（1）判别输水管内水的流动形态：

$$A=\frac{\pi}{4}d^2=0.785\times0.2^2=3.14\times10^{-2}\text{ m}^2$$

$$v=\frac{Q}{A}=\frac{5\times10^{-3}}{3.14\times10^{-2}}=0.159\text{ m/s}$$

当温度 $t=20℃$ 时，查表 1-1 得水的运动粘度为

$$\nu=1.003\times10^{-6}\text{m}^2/\text{s}=0.01003\text{ cm}^2/\text{s}$$

由式（3-25），则得雷诺数为

$$Re=\frac{vd}{\nu}=\frac{0.159\times0.2}{1.003\times10^{-6}}=31704>Re_c=2000$$

因 $Re>Re_c$，故输水管内的水流为紊流。

（2）判别输油管内油的流动形态：

$$v=\frac{Q}{A}=\frac{3\times10^{-3}}{3.14\times10^{-2}}=0.096\text{ m/s}$$

则雷诺数为

$$Re=\frac{vd}{\nu}=\frac{0.096\times0.2}{4\times10^{-5}}=480<Re_c=2000$$

因 $Re<Re_c$，故输油管内液流为层流。

【例 3-15】 某矩形明槽水流，底宽 $b=40\text{cm}$，水深 $h=30\text{cm}$，断面平均流速 $v=0.14\text{m/s}$，已知水温为 $20℃$ 时，运动粘度 $\nu=1.003\times10^{-6}\text{m}^2/\text{s}$，试判别该水流的流态。

解： 根据已知条件，计算水流的水力要素如下：

$$A=bh=0.4\times0.3=0.12\text{ m}^2$$

$$\chi = b + 2h = 0.4 + 2 \times 0.3 = 1.0 \text{ m}$$

$$R = \frac{A}{\chi} = \frac{0.12}{1.0} = 0.12 \text{ m}$$

由式（3-22），则雷诺数为

$$Re = \frac{vR}{\nu} = \frac{0.14 \times 0.12}{1.003 \times 10^{-6}} = 16749.8 > Re_c = 500$$

因 $Re > Re_c$，故该明槽水流为紊流。

二、水头损失的类型

在本章第二节中已经讲过，水头损失 h_w 表示单位重量水体所损耗的机械能。

大家知道，机器运转时转动部件因摩擦而发热，这是机械能转化为热能的例子。水流运动也符合这个规律，但液流的摩擦不像固体那样发生在两个物体之间的接触面上，而是发生在液流的内部。由于粘滞性的存在，使液流在固体边壁的影响下流速分布产生不均匀现象。表明液体在流动时，流层有的快，有的慢，流层间存在着相对运动。流得快的流层将带动流得慢的流层，使慢层加快；而流得慢的流层又阻碍流得快的流层，使快层减慢。因而，导致快慢层之间产生内摩擦阻力。同时，液流在流动过程中，由于内部质点间极其复杂的相互摩擦、碰撞和混掺，又将使得液流产生质点间的混掺阻力。液体要维持流动，就必须克服这些阻力作功，作功就要消耗一定的机械能，从而也就形成了水头损失。

可见，液体的粘滞性是产生水头损失的根源；液体的相对运动是产生水头损失的条件；液体质点之间的摩擦、碰撞和混掺是产生水头损失的方式。

为了便于分析和计算，根据水流运动边界条件的不同，我们把水头损失 h_w 分为如下两类：

（1）沿程水头损失。在均匀流和渐变流中，水流各层之间产生的摩擦阻力存在于整个流程上，这种阻力称为沿程阻力。单位重量液体克服沿程阻力作功而消耗的能量称为沿程水头损失，用 h_f 表示。它随流程长度的增加而增加，在较长的输水管道和河渠中的流动，都是以沿程水头损失为主的流动。

（2）局部水头损失。在流动的局部区域，如管道的突然扩大、缩小、转弯和阀门等处，由于边界形状的急剧改变，在局部区段内使水流运动状态发生急剧变化，形成较大的局部水流阻力，消耗较大的水流机械能，这种在局部边界急剧改变区段内形成的水流阻力称为局部阻力。单位重量液体克服局部阻力作功而消耗的机械能称为局部水头损失，用 h_j 表示。尽管局部水头损失是在一段流程上形成的，但在水力学中，为了方便起见，一般都近似认为它集中发生在突变断面处。

这样，水流流经整个流程的全部水头损失 h_w 就等于该流程上所有的沿程水头损失与所有的局部水头损失之和。可表示为

$$h_w = \sum h_f + \sum h_j \tag{3-28}$$

式中　$\sum h_f$——整个流程上各段沿程水头损失之和，m；

　　　$\sum h_j$——整个流程上各类局部水头损失之和，m。

三、沿程水头损失的计算

由于实际水流非常复杂，实用中通常借助于试验和经验公式来计算沿程水头损失。

（一）沿程水头损失计算的达西—魏斯巴哈公式

根据恒定均匀层流的理论分析结论以及恒定均匀紊流的试验研究成果，得到恒定均匀流沿程水头损失 h_f 的计算公式，称为达西—魏斯巴哈公式。公式的形式为

$$h_f = \lambda \frac{l}{4R} \frac{v^2}{2g} \qquad (3-29)$$

式中　λ——沿程水头损失系数；

　　l——计算段长度；

　　R——水力半径；

　　v——断面平均流速。

对于圆管，因为水力半径 $R = \dfrac{A}{\chi} = \dfrac{1}{4}\pi d^2/\pi d = \dfrac{d}{4}$，则式（3-29）可写为

$$h_f = \lambda \frac{l}{d} \frac{v^2}{2g} \qquad (3-30)$$

1. 沿程水头损失系数 λ 的测定

沿程水头损失系数 λ 值，可以通过实验测定。以圆管流动为例，由式（3-30）得

$$\lambda = \frac{h_f}{\dfrac{l}{d} \dfrac{v^2}{2g}} \qquad (3-31)$$

对于管径为 d，管段长度为 l 的圆管，只要量测出流量和相应的水头损失，由式（3-31）就能得到相应于所测流量的沿程水头损失系数 λ 值。实验装置及具体测定方法如下：

沿程损失系数 λ 值的实验测定装置，如图 3-22 所示。实验时，保持水箱内水位不变，量测段 AB 离开管道进口一定距离，两端断面设置测压孔并与压差计相连。用管道末端的阀门来调节流量，并用流量量测设备（如：三角堰或矩形薄壁堰等）量出流量，并由 $v = Q/A$ 计算出相应的断面平均流速。

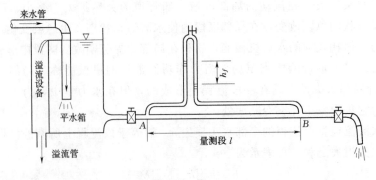

图 3-22

实验开始，先打开阀门调节流量，当水流稳定后，可由压差计读出相应于某一流量，量测段两端断面的测压管水头差。

对 A、B 两断面列能量方程，得

$$z_A + \frac{p_A}{\gamma} + \frac{\alpha_A v_A^2}{2g} = z_B + \frac{p_B}{\gamma} + \frac{\alpha_B v_B^2}{2g} + h_w$$

因为 AB 段管径相等，该段水流为均匀流，即有

$$\frac{\alpha_A v_A^2}{2g} = \frac{\alpha_B v_B^2}{2g}$$

$$h_w = h_f$$

所以，能量方程可写为

$$z_A + \frac{p_A}{\gamma} = z_B + \frac{p_B}{\gamma} + h_f$$

$$h_f = \left(z_A + \frac{p_A}{\gamma}\right) - \left(z_B + \frac{p_B}{\gamma}\right)$$

上式说明，A、B 两断面间的沿程水头损失 h_f 就等于两断面的测压管水头差。

对于水平管道，因 $z_A = z_B$，则两断面间的沿程水头损失 h_f 等于两断面的压强水头差。

根据以上实测的 v，d，l，h_f 值，代入式（3-31）即可计算出 λ 值。

2. 圆管 λ 值的影响因素及其确定方法

试验表明，对不同粗糙度和不同管径的管道，在不同的流量下沿程阻力系数 λ 值的变化与雷诺数 Re 和边界粗糙度有关。

水流流经边壁时，边界的粗糙度和粘滞阻力的影响是客观存在的。边壁凸出的高度称绝对粗糙度，用 Δ 表示，其值取决于边壁的材料。对于圆管，绝对粗糙度 Δ 与管道直径 d 的比值 Δ/d，称为相对粗糙度。在进行圆管沿程水头损失系数的试验研究中，往往以相对粗糙度 Δ/d 来反映边壁的粗糙对沿程水头损失系数 λ 值的影响。显然，雷诺数 Re 所反映的就是粘滞阻力对 λ 值的影响。

在对圆管沿程水头损失系数 λ 的研究方面，前人做了大量的工作。1933 年德国科学家尼古拉兹对人工粗糙管做了一系列试验，比较系统地揭示了人工粗糙管中沿程水头损失系数 λ 的变化规律。1944 年穆迪发表了他对各种实用管道（钢管、铁管、混凝土管、木管及玻璃管等）沿程水头损失系数 λ 的试验研究成果，即 λ 与 Re、Δ/d 的关系曲线，称为穆迪图，如图 3-23 所示。

上述试验成果表明：圆管中的水流随着雷诺数 Re 和相对粗糙度 Δ/d 的不同，出现四个流区，即：层流区、紊流水力光滑区、紊流过渡区和紊流粗糙区。并且在不同的流区中，沿程水头损失系数 λ 遵循的规律也不同。

现结合穆迪图将四个流区中，沿程水头损失系数 λ 与雷诺数 Re 及相对粗糙度 Δ/d 之间的关系；沿程水头损失 h_f 与断面平均流速 v 之间的关系简单介绍如下：

（1）层流区。在穆迪图上显示，不同相对粗糙度的试验点都集中在同一条直线上，此时水流为层流。λ 与 Δ/d 无关，仅与 Re 有关，即 $\lambda = f(Re)$，且 $\lambda = 64/Re$；将 λ 的计算公式代入式（3-31）不难得出，沿程水头损失系数与断面平均流速的一次方成正比，即 $h_f \propto v^1$。

（2）紊流水力光滑区。各种相对粗糙度 Δ/d 的试验点都落在同一条线上，这时水流

虽属紊流，但流速不够大，水流的紊动程度较小，λ 仍只与 Re 有关，而与 Δ/d 无关，即 $\lambda = f(Re)$；沿程水头损失与断面平均流速的 1.75 次方成正比，即 $h_f \propto v^{1.75}$。

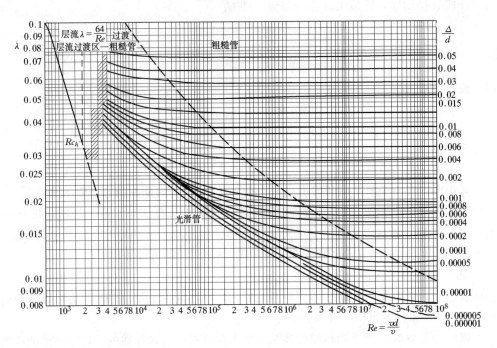

图 3-23

(3) 紊流过渡区。不同相对粗糙度 Δ/d 的试验点在穆迪图上分属各自的曲线，这时水流是紊流，流速较大，水流的紊动程度较大。λ 与 Re 和 Δ/d 均有关，即 $\lambda = f(Re, \Delta/d)$；沿程水头损失与断面平均流速的 1.75~2.0 次方成正比，即 $h_f \propto v^{1.75 \sim 2.0}$。

(4) 紊流水力粗糙区。穆迪图上显示，不同相对粗糙度的试验点分别位于不同的水平线上，这时水流的是紊流，流速和雷诺数都相当大，水流的紊动程度也很大。λ 与 Re 无关，只与 Δ/d 有关，即 $\lambda = f(\Delta/d)$；沿程水头损失与断面平均流速的平方成正比，即 $h_f \propto v^2$。故该区也称为阻力平方区。

应该指出：①对于层流区，其沿程水头损失系的计算公式 $\lambda = 64/Re$ 可在牛顿内摩擦定律的基础上，运用理论分析的方法予以证明；②三个紊流区域沿程水头损失系数的计算，均有相应的经验公式，但由于在应用这些公式计算 λ 时一般需要试算，使用很不方便，故未作介绍；③各流区中沿程水头损失 h_f 与断面平均流速 v 之间的关系均可由试验成果分析得出。

在一般的水力计算中，圆管沿程水头损失系数 λ 往往都利用实用管道的穆迪图来确定。

由于实用管道壁面粗糙是不均匀的，无法直接量测绝对粗糙度 Δ 值。因此，在利用穆迪图确定 λ 值时，其绝对粗糙度 Δ 是用当量粗糙度代替的，当量粗糙度也用符号 Δ 表示。当量粗糙度的大小因边壁的材料不同而不同。现将实际工程中常见边壁材料的当量粗糙度列于表 3-3，供应用时参考。

表 3-3　　　　　　　　　　　　　　　　　　当 量 粗 糙 Δ 值

序 号	边 界 条 件	当量粗糙值 Δ（mm）	序 号	边 界 条 件	当量粗糙值 Δ（mm）
1	铜或玻璃的无缝管	0.0015～0.01	8	磨光的水泥管	0.33
2	涂有沥青的钢管	0.12～0.24	9	未刨光的木槽	0.35～0.7
3	白铁皮管	0.15	10	旧的生锈金属管	0.60
4	一般状态的钢管	0.19	11	污秽的金属管	0.75～0.97
5	清洁的镀锌铁管	0.25	12	混凝土材砌渠道	0.8～9.0
6	新的生铁管	0.25～0.4	13	土　渠	4～11
7	木管或清洁的水泥面	0.25～1.25	14	卵石河床（70～80mm）	30～60

初估实用管道的沿程水头损失时，一般可取沿程水头损失系数 $\lambda=0.02\sim0.03$。

【例 3-16】　某新铸铁管（生铁管），已知管径 $d=200\mathrm{mm}$，管长 $l=500\mathrm{m}$，输水流量 $Q=63\mathrm{L/s}$，水温 $t=10℃$。试求该管段的水头损失。

解：管中断面平均流速为

$$v=\frac{Q}{A}=\frac{0.063}{\frac{\pi}{4}\times0.2^2}=2\ \mathrm{m/s}$$

当水温 $t=10℃$ 时，查表 1-1 得，运动粘度为

$$\nu=1.306\times10^{-6}\ \mathrm{m^2/s}=0.01306\ \mathrm{cm^2/s}$$

故水流的雷诺数为

$$Re=\frac{vd}{\nu}=\frac{200\times20}{0.01306}=3.06\times10^6$$

根据新铸铁管查表 3-3 得，管道的当量粗糙度 $\Delta=0.25\mathrm{mm}$，则相对粗糙度为

$$\frac{\Delta}{d}=\frac{0.25}{200}=0.00125$$

根据雷诺数 $Re=3.06\times10^6$ 及相对粗糙度 $\Delta/d=0.00125$，查穆迪图（图 3-23），得该管道的沿程水头损失系数 $\lambda=0.022$。由式（3-30），即得该管道的沿程水头损失为

$$h_f=\lambda\frac{l}{d}\frac{v^2}{2g}=0.022\times\frac{500}{0.2}\times\frac{2^2}{2\times9.8}=11.2\ \mathrm{m}$$

（二）沿程水头损失计算的谢才公式（经验公式）

1. 谢才公式

以上关于沿程水头损失系数的变化规律以及沿程水头损失的计算公式，是近几十年以来人们通过系统试验研究和分析取得的。但事实上，早在 200 多年以前，就有了沿程水头损失计算的经验公式。这是法国工程师谢才于 1755 年所提出来的。谢才公式是建立在大量的实际资料基础上的，虽然该公式在理论上尚存在缺陷，但它在一定范围内完全可以满足工程实际的需要，至今仍被广泛应用于河渠甚至是管道的沿程水头损失计算中。

谢才在总结了大量河渠均匀流的资料后，提出了计算河渠均匀流断面平均流速 v 的基本公式，即

$$v=C\sqrt{RJ} \tag{3-32}$$

式中　　C——谢才系数，$m^{0.5}/s$；

　　　　R——水力半径；

　　　　J——水力坡度。

对于均匀流，因 $J=h_w/l=h_f/l$ 代入式（3-32）得

$$h_f = \frac{v^2}{C^2 R} \cdot l \qquad\qquad (3-33)$$

上式就是沿程水头损失计算的谢才公式，也称为沿程水头损失计算的经验公式。

其实，谢才公式（3-33）也可变为与达西—魏斯巴哈公式（3-29）完全相同的形式。将上式右边分子、分母同乘以 $8g$，即得

$$h_f = \frac{8g}{C^2} \cdot \frac{l}{4R} \cdot \frac{v^2}{2g} \qquad\qquad (3-34)$$

令 $\lambda = 8g/C^2$（或 $C=\sqrt{8g/\lambda}$），则上式就变成了式（3-29）的形式，即

$$h_f = \lambda \cdot \frac{l}{4R} \cdot \frac{v^2}{2g}$$

由式（3-34）可以看出，谢才系数 C 实质上也是一个与阻力有关的系数。但它与沿程水头损失系数并没有紧密的内在联系。从理论上讲，对于不同的流区，谢才系数的计算公式是不同的。但由于谢才公式是根据实际河渠均匀流资料得到的，而实际水流绝大多数为阻力平方区的紊流。因此，后人对于谢才系数 C 的研究一般都在紊流阻力平方区内进行，故所发表的谢才系数 C 的计算公式和研究成果，一般都只能用于阻力平方区的水流。也就是说，由于受现有谢才系数计算公式的局限，谢才公式只有当水流处于阻力平方区时，才能够保证计算结果的有效性。

2. 关于沿程水头损失计算公式的说明

现就谢才公式与达西—魏斯巴哈公式在应用中，需要注意的几个有关问题予以说明如下：

（1）明渠一般宜用谢才公式，而管流则一般宜用达西—魏斯巴哈公式。但当管道中的水流处于阻力平方区或因管流的有关条件（如：水温、绝对粗糙度等）未知，而无法用达西—魏斯巴哈公式进行计算时，可以用谢才公式计算管道的沿程水头损失。

（2）两公式的主要区别是 C 与 λ 不同。C、λ 分别是由不同的试验成果总结得到的，因此用两个公式计算同一问题的沿程水头损失时，其计算结果不完全一致。

（3）达西—魏斯巴哈公式既适用于均匀层流也适用于均匀紊流，而谢才公式则只适用于均匀紊流。

3. 谢才系数的计算

（1）曼宁公式：

$$C = \frac{1}{n} R^{1/6} \qquad\qquad (3-35)$$

式中　　n——糙率，是衡量边壁粗糙对水流影响的一个综合性系数。

糙率 n 值选择正确与否，对计算成果的影响较大，必须慎重选取。也可以说，糙率 n 是一个比较重要的技术经济指标。

下面将几种常用管道的糙率 n 值列于表 3-4，以供计算时选用。人工渠道的糙率将在第四章中予以介绍。

表 3 - 4 输水道表面各种材料的糙率 n 值

序 号	各 种 管 道	n
1	特别光滑的黄铜管、玻璃管、有机玻璃管	0.009
2	钢管、铸铁管	0.011~0.014
3	混凝土及钢筋混凝土管（抹灰的）	0.011~0.013
4	混凝土及钢筋混凝土管（不抹灰的）	0.013~0.017
5	带釉缸瓦管	0.013
6	石棉水泥管	0.012
7	木质管道	0.013

根据水力半径 R 和查得的糙率 n 值，就可按曼宁公式算出 C 值。

（2）巴甫洛夫斯基公式：

$$C = \frac{1}{n} R^y \qquad\qquad (3-36)$$

式中的 y 为变数，其数值可按下式确定：

$$y = 2.5\sqrt{n} - 0.13 - 0.75\sqrt{R}\,(\sqrt{n} - 0.10) \qquad (3-37)$$

上式的适用条件为

$$0.1\text{m} \leqslant R \leqslant 3.0\text{m}$$

$$0.011 \leqslant n \leqslant 0.04$$

近似计算时，y 值可用下式求出：

当 $R < 1.0$m 时 $\qquad\qquad y = 1.5\sqrt{n}$

当 $R > 1.0$m 时 $\qquad\qquad y = 1.3\sqrt{n}$

确定了糙率 n 值后，就可根据糙率 n 和水力半径 R 由式（3-36）计算谢才系数 C 值。

经验公式（3-35）和式（3-36）中，水力半径的单位为 m。

【例 3-17】 一混凝土衬砌的矩形断面明渠，当水流作均匀流时，已知水深 $h = 2.2$m，底宽 $b = 5$m，糙率 $n = 0.014$。试用曼宁公式和巴甫洛夫斯基公式分别计算谢才系数 C 值，并比较在此情况下，由两公式所得的谢才系数 C 值的大小。

解： 先根据已知条件计算各水力要素：

过水断面面积为

$$A = bh = 5 \times 2.2 = 11 \text{ m}^2$$

湿周为

$$\chi = b + 2h = 5 + 2 \times 2.2 = 9.4 \text{ m}$$

水力半径为

$$R = \frac{A}{\chi} = \frac{11}{9.4} = 1.17 \text{ m}$$

1. 按曼宁公式计算 C

由式（3-35），得

$$C = \frac{1}{n} R^{1/6} = \frac{1}{0.014} \times 1.17^{1/6} = 73.32 \text{ m}^{1/2}/\text{s}$$

2. 按巴甫洛夫斯基公式计算 C

由式（3-37），得

$$y = 2.5\sqrt{n} - 0.13 - 0.75\sqrt{R}\,(\sqrt{n} - 0.10)$$

$$= 2.5 \times \sqrt{0.014} - 0.13 - 0.75 \times \sqrt{1.17} \times (\sqrt{0.014} - 0.1)$$

$$= 0.151$$

因式（3-36），即得

$$C = \frac{1}{n}R^y = \frac{1}{0.014} \times 1.17^{0.151} = 73.14 \text{ m}^{1/2}/\text{s}$$

从以上计算可以看出，在上题所给的边界条件下，用曼宁公式所得的谢才系数比用巴甫洛夫斯基公式所得的谢才系数大。这个结果表明，用两个公式计算同一问题时，其计算结果不一定相等。

【例 3-18】 试求直径 $d = 400\text{mm}$，长度 $l = 986\text{m}$ 的铸铁管，在流量 $Q = 400\text{L/s}$ 时的水头损失 h_f。

解：由于水的温度未知，不能查出运动粘度 ν，则无法计算雷诺数 Re，因而就无法使用穆迪图来查沿程水头损失系数 λ，故采用谢才公式计算其沿程水头损失 h_f。

已知管径 $d = 400\text{mm} = 0.4\text{m}$，流量 $Q = 400\text{L/s} = 0.4\text{m}^3/\text{s}$，则水力要素为

$$A = \frac{\pi}{4}d^2 = 0.785 \times 0.4^2 = 0.1256 \text{ m}^2$$

$$v = \frac{Q}{A} = \frac{0.400}{0.1256} = 3.18 \text{ m/s}$$

$$R = \frac{d}{4} = \frac{0.4}{4} = 0.1 \text{ m}$$

由表 3-4，取铸铁管的糙率，$n = 0.0125$。由曼宁公式，得

$$C = \frac{1}{n}R^{1/6} = \frac{1}{0.0125} \times 0.1^{1/6} = 54.5 \text{ m}^{1/2}/\text{s}$$

$$\lambda = \frac{8g}{C^2} = \frac{8 \times 9.8}{54.5^2} = 0.0264$$

$$h_f = \lambda\frac{l}{d} \cdot \frac{v^2}{2g} = 0.0264 \times \frac{986}{0.4} \times \frac{3.18^2}{19.6} = 33.57 \text{ m}$$

也可直接应用式（3-33），得到沿程水头损失为

$$h_f = \frac{v^2}{C^2 R} \cdot l = \frac{3.18^2}{54.5^2 \times 0.1} \times 986 = 33.57 \text{ m}$$

四、局部水头损失的计算

局部水头损失是由于水流边界突然改变，水流随之发生剧烈变化而引起的水头损失。局部水头损失一般都用一个流速水头与一个局部水头损失系数的乘积来表示，即

$$h_j = \zeta\frac{v^2}{2g} \tag{3-38}$$

式中 ζ——局部水头损失系数，ζ 由试验测定，各类局部水头损失系数列于表 3-5 中。

表 3‑5　　　　　　　　　　管道局部水头损失系数 ζ 值

名　称	简　图	局 部 水 头 损 失 系 数 ζ 值

断面突然扩大

$$\zeta'=\left(1-\frac{A_1}{A_2}\right)^2 \quad \text{(应用公式 } h_j=\zeta'\frac{v_1^2}{2g}\text{)}$$

$$\zeta''=\left(\frac{A_2}{A_1}-1\right)^2 \quad \text{(应用公式 } h_j=\zeta''\frac{v_2^2}{2g}\text{)}$$

断面突然缩小

$$\zeta=0.5\left(1-\frac{A_2}{A_1}\right)$$

进口

完全修圆	0.05～0.10
稍微修圆	0.20～0.25
没有修圆	0.50

出口

流入水库（池）　1.0

流入明渠

A_1/A_2	0.1	0.2	0.3	0.4	0.5	0.6	0.7	0.8	0.9
ζ	0.81	0.64	0.49	0.36	0.25	0.10	0.09	0.04	0.01

急转弯管

圆形

$\alpha°$	30	40	50	60	70	80	90
ζ	0.20	0.30	0.40	0.55	0.70	0.90	1.10

矩形

$\alpha°$	15	30	45	60	90
ζ	0.025	0.11	0.26	0.49	1.20

弯管

90°

R/d	0.5	1.0	1.5	2.0	3.0	4.0	5.0
$\zeta_{90°}$	1.20	0.80	0.60	0.48	0.36	0.30	0.29

任意角度

$$\zeta_{a°}=k\zeta_{90°}$$

$\alpha°$	20	30	40	50	60	70	80	90	120	160	180
k	0.40	0.55	0.65	0.75	0.83	0.88	0.95	1.00	1.13	1.27	1.33

闸阀　圆形管道

当全开时（$a/d=1$）

d (mm)	15	20～50	80	100	150	200～250
ζ	1.5	0.5	0.4	0.2	0.1	0.08

d (mm)	300～450	500～800	900～1000
ζ	0.07	0.06	0.05

当 各 种 开 度 时

a/d	7/8	6/8	5/8	4/8	3/8	2/8	1/8
$A_{开启}/A_{总}$	0.948	0.856	0.740	0.609	0.466	0.315	0.159
ζ	0.15	0.26	0.81	2.06	5.52	17.0	97.8

续表

<table>
<tr><th>名　称</th><th colspan="2">简　图</th><th>局部水头损失系数 ζ 值</th></tr>
<tr><td>截止阀</td><td>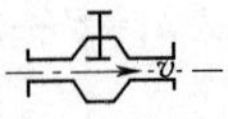</td><td>全　开</td><td>4.3～6.1</td></tr>
<tr><td rowspan="2">莲蓬头
（滤水网）</td><td>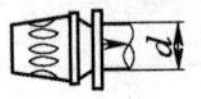</td><td>无底阀</td><td>2～3</td></tr>
<tr><td>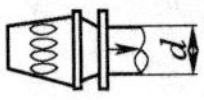</td><td>有底阀</td><td><table><tr><td>d
（mm）</td><td>40</td><td>50</td><td>75</td><td>100</td><td>150</td><td>200</td><td>250</td><td>300</td><td>350</td></tr><tr><td>ζ</td><td>12</td><td>10</td><td>8.5</td><td>7.0</td><td>6.0</td><td>5.2</td><td>4.4</td><td>3.7</td><td>3.4</td></tr></table></td></tr>
<tr><td>平板门槽</td><td colspan="2">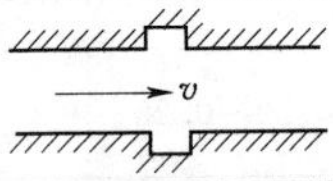</td><td>0.05～0.20</td></tr>
<tr><td>拦污栅</td><td colspan="2">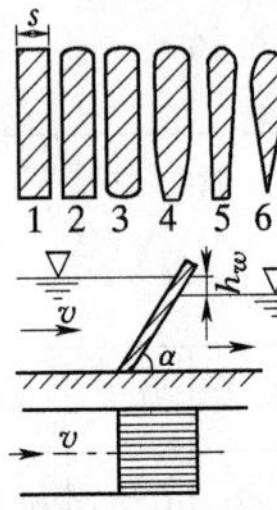</td><td>$$\zeta=\beta\left(\frac{S}{b}\right)^{4/3}\sin\alpha$$
式中　S——栅条宽度
b——栅条间距
α——倾角
β——栅条形状系数，用下表确定<table><tr><td>栅条形状</td><td>1</td><td>2</td><td>3</td><td>4</td><td>5</td><td>6</td><td>7</td></tr><tr><td>β</td><td>2.42</td><td>1.83</td><td>1.67</td><td>1.035</td><td>0.92</td><td>0.76</td><td>1.79</td></tr></table></td></tr>
</table>

必须指出，ζ 是对应于某一流速水头而言的。因此，在选用时，应注意二者的关系，不要用错了流速水头，与 ζ 相应的流速水头在表 3-5 中已标明，若不加特殊标明者，该 ζ 值则是相应于边界突变后的流速水头而言。

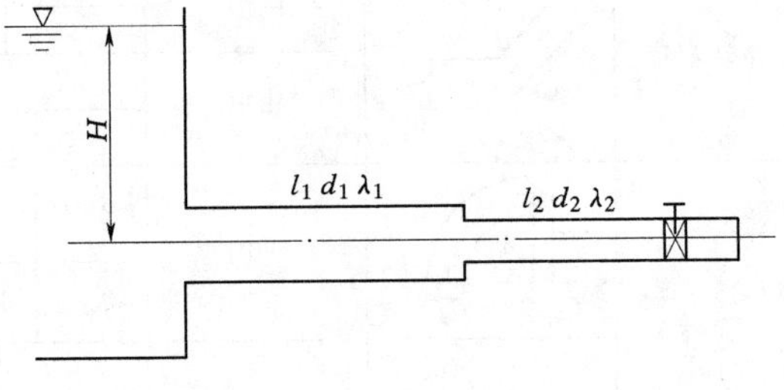

图 3-24

【例 3-19】　从水箱接出一管路，布置如图 3-24。若已知：$d_1=200$mm，$l_1=25$m，$\lambda_1=0.037$，$d_2=150$mm，$l_2=10$m，$\lambda_2=0.039$，闸阀开度 $a/d_2=0.5$，需要输送流量 $Q=40$L/s，求：①沿程水头损失 h_f；②局部水头损失 h_j；③水箱的水面高 H 的大小。

解：1. 求沿程水头损失

第一管段：

$$v_1=\frac{Q}{A_1}=\frac{Q}{\frac{\pi}{4}d_1^2}=\frac{4\times0.04}{3.14\times0.2^2}=1.27\ \text{m/s}$$

$$h_{f1}=\lambda_1\frac{l_1}{d_1}\cdot\frac{v_1^2}{2g}=0.037\times\frac{25}{0.2}\times\frac{1.27^2}{19.6}=0.38\ \text{m}$$

第二管段：

$$v_2 = \frac{Q}{A_2} = \frac{Q}{\frac{\pi}{4}d_2^2} = \frac{4 \times 0.04}{3.14 \times 0.15^2} = 2.26 \text{ m/s}$$

$$h_{f2} = \lambda_2 \frac{l_2}{d_2} \cdot \frac{v_2^2}{2g} = 0.039 \times \frac{10}{0.15} \times \frac{2.26^2}{19.6} = 0.68 \text{ m}$$

2. 求局部水头损失

(1) 进口损失。由于进口没有修圆,查表 3-5 得 $\zeta_{进口} = 0.5$,故

$$h_{j1} = \zeta_{进口} \frac{v_1^2}{2g} = 0.5 \times \frac{1.27^2}{19.6} = 0.041 \text{ m}$$

(2) 缩小损失。根据 $\left(\frac{A_2}{A_1}\right) = \left(\frac{d_2^2}{d_1^2}\right) = \left(\frac{0.15}{0.2}\right)^2 = 0.5625$,查表 3-5 知

$$\zeta_{缩小} = 0.5\left(1 - \frac{A_2}{A_1}\right) = 0.5 \times (1 - 0.5625) = 0.219$$

$$h_{j2} = \zeta_{缩小} \frac{v_2^2}{2g} = 0.219 \times \frac{2.26^2}{19.6} = 0.057 \text{ m}$$

(3) 闸阀损失。由于闸阀半开即 $a/d_2 = 0.5$,查表 3-5 得 $\zeta_{阀} = 2.06$,故

$$h_{j3} = \zeta_{阀} \frac{v_2^2}{2g} = 2.06 \times \frac{2.26^2}{19.6} = 0.537 \text{ m}$$

3. 求水箱的水面高 H

全管路的沿程水头损失为

$$\sum h_f = h_{f1} + h_{f2} = 0.38 + 0.68 = 1.06 \text{ m}$$

全管路的局部水头损失为

$$\sum h_j = h_{j1} + h_{j2} + h_{j3} = 0.041 + 0.057 + 0.537 = 0.635 \text{ m}$$

对水箱进口前断面及管道出口断面列能量方程,并忽略水箱的流速水头,取 $\alpha_2 = 1.0$,得

$$H = h_f + \frac{\alpha_2 v_2^2}{2g}$$

$$= \sum h_f + \sum h_j + \frac{\alpha_2 v_2^2}{2g}$$

$$= 1.06 + 0.635 + \frac{1 \times 2.26^2}{2 \times 9.8} = 2 \text{ m}$$

习　题

3-1　一盛水容器为圆柱形,容器内径 $d = 2$m,如题 3-1 图所示。容器底部接一根直径 $d_1 = 20$mm 的泄水管,若测得某时刻水管中的平均流速 $v_2 = 1$m/s,求该时刻盛水容器中水面的下降速度 v_1。

3-2　某压力水管中的水流,采用变断面输水,已知各段管径为:$d_1 = 300$mm,$d_2 = 200$mm,$d_3 = 100$mm。在第三段管中测得平均流速 $v_3 = 2$m/s,如题 3-2 图所示,求

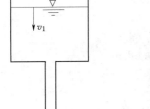

题 3-1 图

管中通过的流量及第一、二段管中的平均流速。

3-3 一河段水流由江心滩地将其分为左、右两汊道如题 3-3 图所示，据水文部门测验提供资料：断面 $A—A$ 处右汊道的过水断面面积为 $3000m^2$，断面平均流速为 $0.6m/s$；左汊道的过水断面面积为 $2300m^2$，断面平均流速为 $0.7m/s$。试求左、右汊道的分流量及总流量。

3-4 如题 3-4 图所示为一容器侧壁开一孔口，安装一条水平的变断面管道装置。设容器中水位 $H=2m$, $p_3=p_a$, $\frac{\alpha_a v_a^2}{2g} \approx 0$, $d_1=100mm$, $d_2=300mm$, $d_3=150mm$, 忽略水头损失。求管中通过的流量及管子断面 1 与 2 处的平均流速和断面 1 与 2 处断面形心处的动水压强。

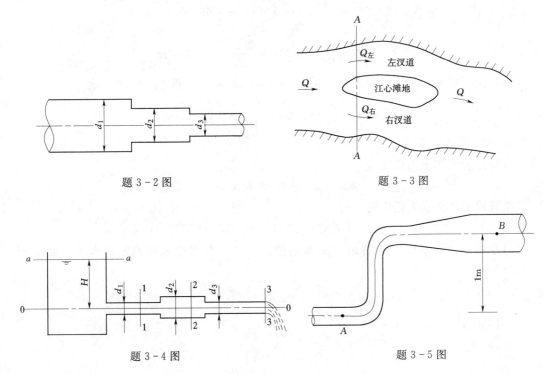

题 3-2 图

题 3-3 图

题 3-4 图

题 3-5 图

3-5 如题 3-5 图表示一弯曲水管，A 与 B 点的高差为 $1m$，已知小管直径 $d_A=300mm$，A 点压强 $p_A=6.56\times10^4Pa$；大管直径 $d_B=500mm$，B 点压强 $p_B=3.82\times10^4Pa$，大管断面平均流速 $v_B=1m/s$。求 A、B 两断面的总水头差及水流方向。

3-6 如题 3-6 图为一溢流坝，已知 $H=20m$，坝趾断面 $C—C$ 处的水深 $h_{co}=2.4m$，下游河床 2—2 处的水深 $h=7.14m$，上、下游河底高程相同，单宽流量为 $q=20m^3/$（$s\cdot m$）。试分别求出：①断面 1—1，$C—C$，2—2 处水流的势能、动能和总能量；②计算出断面 1—1 至 $C—C$，$C—C$ 至 2—2 间的水头损失；③绘制总水头线。

3-7 题 3-7 图为一管道水流，若测得 1—1 断面的相对压强 $p_1=0.98\times10^3Pa$，$d_1=100mm$，$d_2=50mm$，1—2 断面间的距离较近，水头损失较小可忽略不计，2—2 断面处连接一小管。问：当通过流量为 $Q=6\text{L/s}$ 时可将水自容器内吸上多大的高度 h。

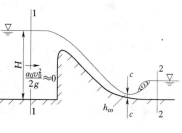

题 3-6 图

3-8　某河段为修筑大坝，采用分段围堰法施工，河段过水断面近似矩形，河宽 200m，施工时，先用围堰将原河床缩窄到过水宽度为 80m。若缩窄处水位与下游河床水位相同，如题 3-8 图所示。问：当施工时段通过流量为 500m³/s，下游河床水深 $h=3\text{m}$ 时，忽略水头损失不计，上游水位抬高了多少？

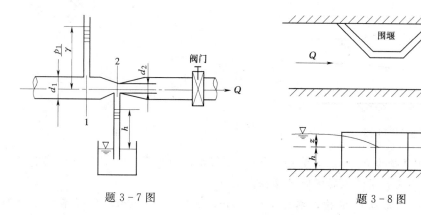

题 3-7 图　　　　　　　　　　　　　　题 3-8 图

3-9　题 3-9 图表示水轮机的直锥形尾水管。已知断面 $A—A$ 的直径为 0.6m，断面平均流速 $v_A=6\text{m/s}$，出口断面 $B—B$ 的直径为 0.9m，两断面间水头损失为 $A—A$ 断面流速水头的 0.2 倍。计算：①当 $z=5\text{m}$ 时，断面 A 处的真空度；②若断面 A 处的允许真空值为 5m 时，z 为多少？

3-10　题 3-10 图所示为一干渠上应用平板闸门控制水流，已知闸门宽为 1.5m，闸前水深 $H=4\text{m}$，当通过流量 $Q=6\text{m}^3/\text{s}$ 时，闸后收缩断面水深 $h_{co}=0.5\text{m}$，不考虑摩擦力的作用。求水流对闸门的作用力。

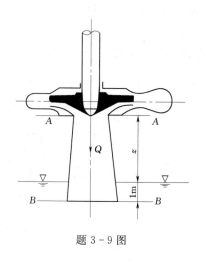

题 3-9 图

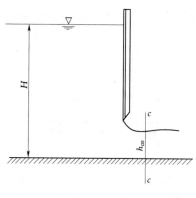

题 3-10 图

3-11 如题 3-11 图所示为一水电站的压力水管渐变段，为使水管稳定，特设计一镇墩加以固定，已知：$D_1=1.5\text{m}$，$D_2=1\text{m}$，渐变段起点处的压强 $p_1=398\text{kPa}$（相对压强），若管中通过 $Q=2.5\text{m}^3/\text{s}$，不计水头损失。求镇墩上所受的轴向推力为多少？

3-12 如题 3-12 图所示为一弯曲渐缩压力管道，管轴线位于水平面。直径 $D_1=30\text{cm}$，$D_2=25\text{cm}$，1—1 断面形心处的相对压强为 $p_1=36\text{kPa}$，两管轴线夹角 $\alpha=45°$，已知通过流量 $Q=150\text{L/s}$，不计弯管段的水头损失。求固定此弯管所需要的水平力及其方向。

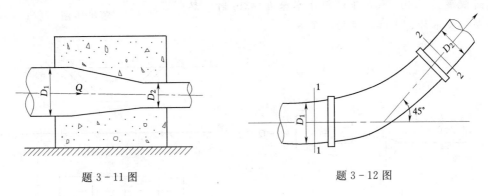

题 3-11 图   题 3-12 图

3-13 水管直径为 0.1m，流量 $Q=20\text{L/s}$，当水温为 10℃时，试判别流态？若流量水温及其它条件不变，求流态转变时的管径。

3-14 有一矩形断面水槽，水深 $h=20\text{cm}$，底宽 $b=40\text{cm}$，测得槽中流速 $v=0.15\text{m/s}$，水温为 20℃。试判别流态。

3-15 一梯形黏土渠道，已知：底宽 $b=2\text{m}$，均匀流水深 $h=1\text{m}$，边坡系数 $m=1$，粗糙系数 $n=0.020$，通过的流量 $Q=2\text{m}^3/\text{s}$。试求 1000m 长直渠道上的水头损失。

3-16 某浆砌块石护面的矩形渠道，粗糙系数 $n=0.016$，底宽 $b=2\text{m}$，水深 $h=1\text{m}$，水力坡降 $J=1/4000$。试计算该渠道的流速和流量。

3-17 为测定管段的沿程水头损失系数 λ 值，特采用题 3-17 图所示装置。已知 AB 段的管长 $l=12\text{m}$，管径 $d=50\text{mm}$，实验量测数据为：①A、B 实验段的测压管水头差 $\Delta h=0.6\text{m}$；②经 120s 流入量水箱的水体积为 0.4m^3。试求该管段的沿程水头损失系数 λ 值。

3-18 为测定 90°弯管的局部水头损失系数 ζ 值，特采用题 3-18 图所示装置。已知

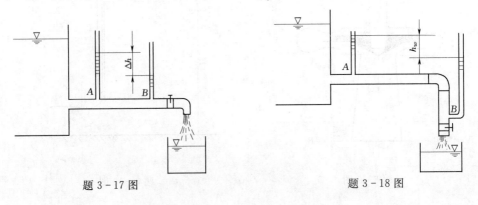

题 3-17 图   题 3-18 图

AB 管长 $l=12m$，管径 $d=50mm$，该管段沿程水头损失系数 $\lambda=0.03$，实验量测数据为：①A、B 两测压管的水头差为 0.63m；②经 2 分钟流入量水箱的水量为 0.34m³。试求弯管的局部水头损失系数 ζ 值。

3-19 如题 3-19 图所示为 A、B、C 三个水箱用两段普通钢管连接，管中水流为恒定流。已知：第一管段 $d_1=300mm$，$l_1=50m$，管段中间有一个 90°弯管（$R/d_1=2.0$）；第二管段 $d_2=200mm$，$l_2=40m$，管段中间有一闸板式阀门（$a/d_2=0.75$）；A、C 箱水面差 $H=15m$。求：①管中流量 Q；②图中 h_1 及 h_2。

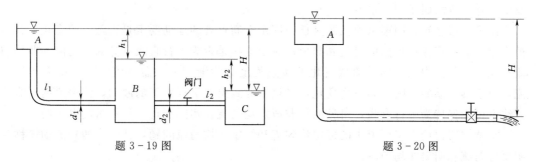

题 3-19 图   题 3-20 图

3-20 如题 3-20 图所示为一水塔供水系统，管路长度 $l=250m$，管 $d=100mm$，管道材料为铸铁管，转弯处局部水头损失系数 $\zeta=1.2$，若要求在闸阀全开时，出口流速 $v=1.5m/s$。问水塔水面需要多高。

第四章 恒定明渠水流

具有与大气相接触的自由表面的水流称为明渠水流。如天然河道、人工渠道、渡槽以及明流隧洞等均属于明渠水流。

由第一章已知，明渠水流按照其任一固定空间点处的运动要素是否随时间变化，分为恒定流和非恒定流；根据恒定流和非恒定流中流线是否为平行直线，分为均匀流和非均匀流；在非均匀流中又根据其流线变化的缓急程度分为渐变流和急变流。对于明渠非恒定流，由于其运动要素随时间发生变化，必然会导致渠道沿程水流的波动，使渠道内水流的流线不可能保持为平行直线，可见明渠非恒定均匀流在实际工程中是不可能发生的。

本章主要讨论人工渠道中的恒定均匀流和恒定非均匀流问题，并将这两种流动简称为明渠均匀流和明渠非均匀流。

第一节 明渠均匀流

明渠均匀流是明渠水流中最基本、最简单的水流运动形式。掌握明渠均匀流的基本运动规律对于明渠的水流现象分析与渠道的水力设计，有着十分重要的意义。

一、人工渠道的几个基本概念

（一）明渠底坡与横断面

1. 明渠底坡

明渠单位流程长度上渠底高程的降落值称为明渠的底坡，用 i 表示。如图 4-1 所示，设明渠的底坡角（渠底线与水平线之间的夹角）为 θ，则明渠底坡可定义为

$$i = \sin\theta = \frac{z_1 - z_2}{l'} = \frac{\Delta Z}{l'} \qquad (4-1)$$

在实际工程中，一般渠道的底坡角 $\theta < 6°$，即 $i < 1/10$，往往用 l' 的水平投影长度 l 来代替 l'，即明渠的底坡可近似定义为

$$i = \mathrm{tg}\theta = \frac{z_1 - z_2}{l} = \frac{\Delta Z}{l} \qquad (4-2)$$

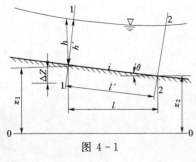

图 4-1

在水力学中，$i < 1/10$ 的明渠称为小底坡明渠，本章主要讨论小底坡明渠的水力计算问题。

根据渠道底坡的大小，可将渠道分为三种类型，如图 4-2 所示。当 $i > 0$ 时，称为正坡渠道；$i = 0$ 时，称为平坡渠道；$i < 0$ 时，称为负坡渠道。

2. 明渠横断面

人工明渠横断面有多种形式，最为常见的有梯形

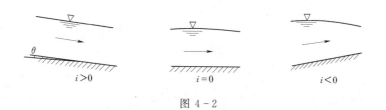

图 4-2

断面、矩形断面、U形断面以及圆形断面等。

对于工程中常见的对称梯形断面明渠，如图 4-3 所示。若渠道的底宽为 b，水深为 h，边坡角（边坡线与水平线的夹角）为 α，定义边坡系数 $m = \text{ctg}\alpha$，则可求得梯形过水断面的水力要素为

图 4-3

水面宽度 $B = b + 2mh$

过水断面面积 $A = (b + mh)h$

湿周 $\chi = b + 2h\sqrt{1 + m^2}$

水力半径 $R = \dfrac{A}{\chi} = \dfrac{(b + mh)h}{b + 2h\sqrt{1 + m^2}}$

显然，矩形断面是梯形断面当 $m = 0$ 时的特殊情况，梯形断面渠道的边坡系数 m 值可根据土壤的种类参照表 4-1 选取。

表 4-1   梯形渠道边坡系数 m 值

土 壤 种 类	m	土 壤 种 类	m
细砂土	3.0～3.5	一般黏土	1.0～1.5
砂壤土和松散壤土	2.0～2.5	密实的重黏土	1.0
密实壤土和轻黏壤土	1.5～2.0	半岩性抗水土壤	0.5～1.0
砾石和砂砾石土	1.5	风化的岩石	0.25～0.5
重黏壤土和密实的黄土	1.0～1.5	未风化的岩石	0～0.25

（二）棱柱体明渠和非棱柱体明渠

横断面形状及尺寸沿程不变的明渠称为棱柱体明渠；反之，称为非棱柱体明渠。

二、明渠均匀流的基本特性与产生条件

（一）明渠均匀流的基本特性

由于明渠均匀流的流线是平行直线，故明渠均匀流有如下特性：

（1）过水断面的形状和尺寸沿程不变。

（2）过水断面的实际流速分布图沿程不变，故断面平均流速 v、动能修正系数 α 及速度动能 $\dfrac{\alpha v^2}{2g}$ 均沿程不变。

（3）总水头线、水面线（测压管水头线）和渠道底坡线相互平行，水力坡度 J、水面坡度（测压管坡度）J_p 和渠道底坡 i 三者相等，即 $J = J_p = i$，如图 4-4 所示。

（二）明渠均匀流的产生条件

由于明渠均匀流为等速直线流动，故作用在这种水流任意水体上的力均应满足平衡方

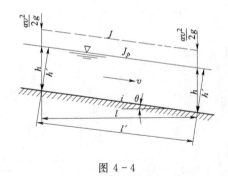
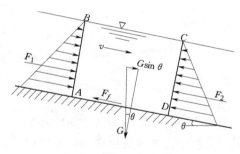

图 4 - 4   图 4 - 5

程。在如图 4 - 5 所示的明渠均匀流中取断面 1—1 和 2—2 之间的水体为隔离体，该水体上所受的力有：两端断面的动水压力 F_1 和 F_2、水体的重力 G 及固体边界对水体的摩擦阻力 F_f。在沿水流的流动方向列平衡方程，有

$$F_1 + G\sin\theta - F_2 - F_f = 0$$

对于明渠均匀流，作用在过水断面的动水压强符合静水压强的分布规律，且过水断面面积 A 和断面形心处的水深 h_c 均沿程不变，故两断面上的动水总压力 $F_1 = F_2 = \gamma h_c \cos\theta A$，由上式即得

$$G\sin\theta = F_f \qquad\qquad\qquad (4-3)$$

上式表明：明渠水流只有在重力沿流动方向的分力与阻力相平衡时，才能产生均匀流，否则，只能产生非均匀流。式（4 - 3）是明渠均匀流的力学条件，也是产生明渠均匀流的充分必要条件。那么，在什么样的条件下才能保证水流满足式（4 - 3）而形成明渠均匀流呢？下面介绍明渠均匀流的产生条件。

要保证渠道产生明渠均匀流，水流和渠道边界必须满足以下条件：

（1）水流必须是恒定流。

（2）渠道必须是底坡沿程不变的长直棱柱体明渠。

（3）渠道必须是 $i > 0$ 的正坡明渠。

（4）渠道的糙率 n 沿程不变。

（5）渠道中不存在闸、坝等任何阻碍水流运动的建筑物。

渠道只有同时满足上述五个条件时才能产生明渠均匀流。因此，严格地说，实际水流中真正意义上的明渠均匀流是不存在的。但对于人工渠道，只要与上述条件相差不大，则可按明渠均匀流来进行水力计算。

三、明渠均匀流水力计算的基本公式

由第三章已知，对于均匀流的断面平均流速可由谢才公式表示为

$$v = C\sqrt{RJ}$$

因为明渠均匀流的水力坡度 J 等于渠道的底坡 i，若明渠的过水断面面积为 A，由上式即可得到明渠均匀流水力计算的基本公式为

$$Q = AC\sqrt{Ri} \qquad\qquad\qquad (4-4)$$

令

$$K = AC\sqrt{R}$$

则
$$Q = K\sqrt{i} \tag{4-5}$$

式中 C——谢才系数，$\mathrm{m}^{0.5}/\mathrm{s}$，其值可用曼宁公式 $C = \dfrac{1}{n}R^{1/6}$ 来确定；

K——流量模数，m^3/s。

在进行渠道的水力计算时，需要注意糙率 n 值的合理选取，否则，将有可能对计算结果造成较大的影响。人工渠道的糙率 n 值，可由表 4-2 查得。

表 4-2   人 工 渠 道 糙 率 n 值

渠 道 特 征		n	
		灌 溉 渠 道	退 水 渠 道
土　质	流量大于 $25\mathrm{m}^3/\mathrm{s}$ 　平整顺直，养护良好 　平整顺直，养护一般 　渠床多石，杂草丛生，养护较差	0.020 0.0225 0.025	0.0225 0.025 0.0275
	流量 $1\sim25\mathrm{m}^3/\mathrm{s}$ 　平整顺直，养护良好 　平整顺直，养护一般 　渠床多石，杂草丛生，养护较差	0.0225 0.025 0.0275	0.025 0.0275 0.030
	流量小于 $1\mathrm{m}^3/\mathrm{s}$ 　渠床弯曲，养护一般 　支渠以下的固定渠道	0.025 $0.0275\sim0.030$	0.0275
岩　石	经过良好修整的 经过中等修整无凸出部分的 经过中等修整有凸出部分的 未经修整有凸出部分的	0.025 0.030 0.033 $0.035\sim0.045$	
各种材料护面	抹光的水泥抹面 不抹光的水泥抹面 光滑的混凝土护面 平整的喷浆护面 料石砌护 砌砖护面 粗糙的混凝土护面 不平整的喷浆护面 浆砌块石护面 干砌块石护面	0.012 0.014 0.015 0.015 0.015 0.015 0.017 0.018 0.025 0.033	

在水力学中，为与非均匀流的水深 h 相区别，通常用 h_0 来表示均匀流的水深，并称 h_0 为正常水深。其它与均匀流水深 h_0 有关的水力要素，如过水断面面积、湿周、水力半径流量模数等，有时也相应注以下角标"0"。

应该指出，天然河道一般多为非棱柱体明渠，河道中的水流一般均属于非均匀流。但在恒定流的条件下，若某天然河段比较顺直，且河段的过水断面形状及大小均比较一致时，可将该天然河段概化为棱柱体明渠，河段中的水流近似视为均匀流，并按明渠均匀流理论进行相应的水力计算。计算时，一般先从实测资料中求得河段的平均断面，并以河段的平均底坡或实测的水面坡度作为河道的底坡。天然河道的糙率 n 与河床表面的粗糙程度有关，通常应根据实测资料来确定。在没有实测资料的情况下，也可参照有关的水力学教材或水力计算手册酌情选取。

四、渠道水力计算中的几个问题

（一）渠道的允许流速问题

经验告诉我们，当水流的流速过大时，会冲刷渠道；流速过小，又有可能使渠道发生淤积，从而影响渠道的过水能力。可见，在进行渠道设计时，将渠道中的断面平均流速控制在允许范围内是很重要的。一般应使渠中流速 v 满足

$$v' > v > v'' \qquad\qquad (4-6)$$

式中　v'——渠道的不冲允许流速；

　　　v''——渠道的不淤允许流速。

通常情况下，渠道的不冲允许流速 v' 与渠道的土质情况有关，应用时可参考表 4-3 选取；渠道的不淤允许流速 v'' 与渠道的使用要求、水流条件以及挟沙特性等多方面的因素有关，应用时可查有关计算手册确定。

表 4-3　　　　　　　　　　　渠道不冲允许流速 v'

一、坚硬岩石和人工护面渠道			
岩石或护面种类	渠 道 流 量 （m³/s）		
	<1.0	1~10	>10
软质水成岩（泥灰岩、页岩、软砾岩）	2.5	3.0	3.5
中等硬质水成岩（多孔石灰岩、层状石灰岩、白云石灰岩等）	3.5	4.25	5.0
硬质水成岩（白云砂岩、砂质石灰岩）	5.0	6.0	7.0
结晶岩、火成岩	8.0	9.0	10.0
单层块石铺砌	2.5	3.5	4.0
双层块石铺砌	3.5	4.5	5.0
混凝土护面（水流中不含砂和卵石）	6.0	8.0	10.0

二、土 质 渠 道				
均质黏性土	土 质	不冲允许流速（m/s）		说　　明
	轻壤土	0.60~0.80		
	中壤土	0.65~0.85		
	重壤土	0.70~1.00		
	黏 土	0.75~0.95		（1）均质黏性土质渠道中各种土质的干容重为 12.74~16.66（kN/m³）；
均质无黏性土	土质	粒径（mm）	不冲允许流速（m/s）	（2）表中所列允许不冲流速为水力半径 $R=1.0$m 时的值，若 $R \neq 1.0$m 时，则 $v' =$ 查表值× R^α。对于砂、砾石、卵石、疏松的壤土及黏土 $\alpha = 0.250 \sim 0.333$；对于中等密实的砂壤土、壤土及黏土 $\alpha = 0.200 \sim 0.250$
	极细砂	0.05~0.10	0.35~0.45	
	细砂及中砂	0.25~0.50	0.45~0.60	
	粗 砂	0.50~2.00	0.60~0.75	
	细砾石	2.00~5.00	0.75~0.90	
	中砾石	5.00~10.00	0.90~1.10	
	粗砾石	10.0~20.00	1.10~1.30	
	小卵石	20.0~40.00	1.30~1.80	
	中卵石	40.0~60.00	1.80~2.20	

（二）渠道的水力最佳断面问题

由公式（4-4）和曼宁公式（3-35），可得

$$Q = \frac{1}{n} \frac{A^{5/3} i^{1/2}}{\chi^{2/3}} \qquad (4-7)$$

显然，当渠道的过水断面面积 A、底坡 i 和糙率 n 一定，若湿周 χ 最小时，则流量 Q 最大。水力学中把满足上述条件的断面，称为水力最佳断面。

由几何学已知，对于不同的几何形状，即使其几何面积相等，所包围该面积的周长也不一定相等，且在所有的几何形状中，以圆的周长为最小。因此，在实际工程中选择圆管作为压力输水管道，除了这种断面结构具有较好的受力条件外，还具有湿周最小过流能力最大的特点。

对于工程中常用的对称梯形断面明渠，在边坡系数 m 相同的情况下，不同的宽深比 b/h，也会有不同的湿周。我们将梯形断面最小湿周所相应的宽深比，称为梯形断面的水力最佳宽深比，用 β_m 表示。由数学方法可以推得

$$\beta_m = \frac{b_m}{h_m} = 2\left(\sqrt{1+m^2} - m\right) \qquad (4-8)$$

上式表明，梯形断面的水力最佳宽深比 β_m 与边坡系数 m 有关，即不同的边坡系数 m，有不同的水力最佳宽深比 β_m。为应用方便起见，现将不同边坡系数 m 所相应的梯形断面的水力最佳宽深比 β_m 列于表 4-4，以供参考。

表 4-4　　　　　　　　　　梯形断面水力最佳宽深比 β_m 值

m	0.00	0.25	0.50	0.75	1.00	1.25	1.50	1.75	2.00	2.50	3.00
β_m	2.00	1.56	1.24	1.00	0.83	0.70	0.61	0.53	0.47	0.38	0.32

对于梯形断面明渠，因

$$R = \frac{A}{\chi} = \frac{(b+mh)h}{b+2h\sqrt{1+m^2}} = \frac{(b/h+m)h}{b/h+2\sqrt{1+m^2}} = \frac{(\beta+m)h}{\beta+2\sqrt{1+m^2}}$$

以 $\beta = \beta_m$ 代入上式，得 $R_m = h_m/2$，即梯形断面渠道水力最佳断面的水力半径等于水深的一半。

对于矩形断面明渠，因 $m=0$，由表 4-4 得 $\beta_m = 2$，即 $b_m = 2h_m$，表明矩形断面明渠水力最佳断面的底宽等于水深的两倍。

应该指出，对于大中型渠道，水力最佳断面不一定是经济最优断面。水力最佳是仅就断面的过水能力而言的，经济最优则还须从地形条件、施工技术、工程造价以及运行管理等方面进行综合评价才能确定。

对于小型渠道，造价基本上是由土方量来决定的，其经济最优面和水力最佳断面是相接近的，水力最佳断面也就可以认为是经济最优断面。根据国内的一些经验，流量在 $60\,\mathrm{m^3/s}$ 以下的渠道，梯形断面明渠经济最优断面宽深比 β 的大致范围，列于表 4-5，计算时可参考查用。

表 4 - 5　　　　　　　　　　　　梯形断面经济最优宽深比 β 值

Q（m^3/s）	5	5～10	10～30	30～60
β	1～3	3～5	5～7	6～10

（三）综合糙率问题

在运用明渠均匀流的基本计算公式（4-4）进行如图4-6所示的单式断面非均质渠道的水力计算时，由于断面各部分边界面上的糙率不同，如何寻求一个合适的糙率作为水力计算的糙率值，这就是综合糙率问题。综合糙率用 n_e 来表示，其值可用下式进行计算：

$$n_e = \sqrt{\frac{\sum n_i^2 \chi_i}{\sum \chi_i}} \tag{4-9}$$

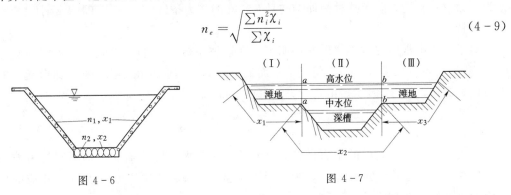

图 4 - 6　　　　　　　　　　　　　　图 4 - 7

（四）复式断面明渠的水力计算问题

对于图4-7所示的复式断面明渠，当水位超过深槽时，水流溢出而漫及渠堤，湿周 χ 突然增大，此时用基本公式（4-4）计算得到的流量反而减小，与实际情况不符。在这种情况下，运用基本公式（4-4），可先按水深变化不大的原则，用铅垂线将断面分成若干块，然后运用公式（4-4）或（4-5）并注意到各分界线不作为湿周，分别计算出各块所相应的流量，再将所得的各块流量相加，即得复式断面明渠的总流量为

$$Q = Q_{\mathrm{I}} + Q_{\mathrm{II}} + Q_{\mathrm{III}} + \cdots + Q_n = \sum Q_i = \sum K_i \sqrt{i} \tag{4-10}$$

五、明渠均匀流的水力计算

（一）明渠均匀流的水力计算任务

以梯形断面明渠为例，根据明渠均匀流水力计算的基本公式，梯形断面明渠各水力要素之间存在着下列关系：

$$Q = AC\sqrt{Ri} = f(m, n, b, h_0, i)$$

根据渠道土壤的性质以及渠道拟护面的情况，渠道的边坡系数 m 及糙率 n 可预先确定。这样，上式中余下的四个水力要素可归纳为过流能力要素（Q）、纵坡要素（i）和横断面要素（b 或 h_0）三类。从数学概念上讲，一个方程式只能求解一个未知数，因此在实际求解时，三个要素往往是已知其中两个而求另外一个。根据上述三类要素的具体情况，结合工程实际，明渠均匀流的水力计算问题可分为如下三种类型：

（1）校核已建工程的过流能力是否满足设计要求。这类问题为已知纵坡要素和横断面要素，求过流能力要素问题，可表达为已知 m、n、b、h_0、i，求 Q。计算时可直接由式

（4-4）计算 Q 后，再与设计流量 Q_d 比较。若 $Q \geqslant Q_d$ 则满足要求；若 $Q < Q_d$ 则不满足要求。当渠道的过流能力不满足设计要求时，应采取人工减糙（如增加渠道护面的光滑度）或其它有效的工程措施，提高渠道的过流能力，以保证满足设计要求。

（2）根据工程实际的要求，设计渠道的底坡。这类问题属于已知过流能力要素和横断面要素求纵坡要素问题，可表达为已知 m、n、b、h_0、Q，求 i。求解时由基本公式（4-4）得 $i = Q^2/A^2C^2R$，代入已知条件即可计算 i。

（3）根据渠线的地质及地形等情况，设计渠道的横断面尺寸。这类问题为已知过流能力要素和纵坡要素，求横断面要素问题，可表达为已知 m、n、Q、i 及 b 和 h_0 中的任一个，求另一个。此时可通过试算也可利用附图 I 或附图 II 求解，具体方法见例 4-3。或者已知 m、n、Q、i 及 $\beta = b/h$，同时求 b 及 h_0，此时一般通过试算求解。

（二）明渠均匀流水力计算举例

【例 4-1】 某农业开发区由一顺直梯形断面明渠引水，已知渠道的边坡系数 $m = 1.0$，底宽 $b = 10\text{m}$，底坡 $i = 0.0001$，正常水深 $h_0 = 2.4\text{m}$，渠道采用光滑的混凝土护面。若该开发区所需的灌溉用水量为 $Q_1 = 17.5\text{m}^3/\text{s}$，问能否保证 $Q_2 = 11.0\text{m}^3/\text{s}$ 的生活及农副产品加工用水量。

解： 过水断面的水力要素为

$$A = (b + mh_0)h_0 = (10 + 1 \times 2.4) \times 2.4 = 29.76 \text{ m}^2$$

$$\chi = b + 2h_0\sqrt{1+m^2} = 10 + 2 \times 2.4 \times \sqrt{1+1^2} = 16.79 \text{ m}$$

$$R = \frac{A}{\chi} = \frac{29.76}{16.79} = 1.77 \text{ m}$$

由表 4-2 查得，光滑的混凝土护面渠道糙率 $n = 0.015$，则

$$C = \frac{1}{n}R^{1/6} = \frac{1}{0.015} \times (1.77)^{1/6} = 73.32 \text{ m}^{0.5}/\text{s}$$

由式（4-4）得渠道的总过流量为

$$Q = AC\sqrt{Ri} = 29.76 \times 73.32 \times \sqrt{1.77 \times 0.0001} = 29.03 \text{ m}^3/\text{s}$$

因 $Q - (Q_1 + Q_2) = 29.03 - (17.5 + 11.0) = 0.53\text{m}^3/\text{s}$，故渠道的输水量能保证该开发区的灌溉、生活及生产用水，并略有富余。

【例 4-2】 某钢筋混凝土矩形断面渡槽，槽长 $l = 125\text{m}$，槽宽 $b = 1.6\text{m}$，正常水深 $h_0 = 1.8\text{m}$，渡槽出口槽底高程 $\nabla_2 = 151.2\text{m}$。当设计流量 $Q = 8.2\text{m}^3/\text{s}$ 时，试求渡槽进口处的槽底高程 ∇_1。

解：

$$A = bh_0 = 1.6 \times 1.8 = 2.88 \text{ m}^2$$

$$\chi = b + 2h_0 = 1.6 + 2 \times 1.8 = 5.2 \text{ m}$$

$$R = \frac{A}{\chi} = \frac{2.88}{5.2} = 0.554 \text{ m}$$

由表 4-2 查得钢筋混凝土的糙率 $n = 0.014$，由曼宁公式得

$$C = \frac{1}{n}R^{1/6} = \frac{1}{0.014} \times (0.554)^{1/6} = 64.73 \text{ m}^{0.5}/\text{s}$$

$$K_0 = AC\sqrt{R_0} = 2.88 \times 64.73 \times \sqrt{0.554} = 138.76 \text{ m}^3/\text{s}$$

由式（4-5）得渡槽的底坡为

$$i=\frac{Q^2}{K_0^2}=\frac{8.2^2}{138.76^2}=0.00349$$

由式（4-1）可以得到，进口槽底高程为

$$\bigtriangledown_1=\bigtriangledown_2+il=151.2+0.00349\times125=151.64\text{ m}$$

【例4-3】 某梯形断面明渠，已知边坡系数 $m=1.5$，糙率 $n=0.025$，底坡 $i=0.00067$，渠道底宽 $b=2.0$m，当设计流量为 $Q=3.0$m³/s 时，试确定渠堤高度 H（要求渠堤超高 $\Delta h=0.4$m）。

解： 由式（4-5）得

$$K_0=\frac{Q}{\sqrt{i}}=\frac{3}{\sqrt{0.00067}}=116\text{ m}^3/\text{s}$$

$$\frac{b^{2.67}}{nK_0}=\frac{2^{2.67}}{0.025\times116}=2.2$$

由 $m=1.5$ 及 $\frac{b^{2.67}}{nK_0}=2.2$，查附图Ⅱ得 $h_0/b=0.53$，则有

$$h_0=0.53b=0.53\times2.0=1.06\text{ m}$$

故该渠道的渠堤高度 $H=h_0+\Delta h=1.06+0.4=1.46\text{ m}$

【例4-4】 有一水流为均匀流的傍山渠道，如图4-8所示。已知靠山一侧的边坡系数 $m=0.5$，底宽 $b=2.5$m，正常水深 $h_0=1.2$m，底坡 $i=0.002$，糙率分别为 $n_1=0.0225$，$n_2=0.03$。求该渠道通过的流量。

解： 由题意知 $n_3=n_2=0.03$，$\chi_1=h_0=1.2$ m，$\chi_2=b=2.5$ m，

$$\chi_3=\sqrt{h_0^2+(mh_0)^2}=\sqrt{1.2^2+(0.5\times1.2)^2}=1.34\text{ m}$$

由式（4-9），该渠道的综合糙率为

$$n_e=\sqrt{\frac{\sum n_i^2\chi_i}{\sum\chi_i}}=\sqrt{\frac{n_1^2\chi_1+n_2^2\chi_2+n_2^2\chi_3}{\chi_1+\chi_2+\chi_3}}$$

$$=\sqrt{\frac{0.0225^2\times1.2+0.03^2\times2.5+0.03^2\times1.34}{1.2+2.5+1.34}}$$

$$=0.0284$$

$$A=\frac{(2b+mh_0)h_0}{2}=\frac{(2\times2.5+0.5\times1.2)\times1.2}{2}=3.36\text{ m}^2$$

$$R=\frac{A}{\sum\chi_i}=\frac{3.36}{1.2+2.5+1.34}=0.67\text{ m}$$

$$C=\frac{1}{n_e}R^{1/6}=\frac{1}{0.0284}\times(0.67^{1/6})=32.94\text{ m}^{0.5}/\text{s}$$

由式（4-4）得渠道通过的流量为

$$Q=AC\sqrt{Ri}=3.36\times32.94\times\sqrt{0.67\times0.002}=4.05\text{ m}^3/\text{s}$$

【例4-5】 某河道汛期概化断面如图4-9所示，已知河道底坡 $i=0.0004$，滩地

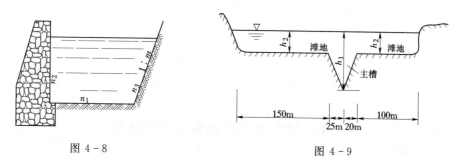

图 4-8   图 4-9

糙率 $n_2 = 0.038$，主槽水深 $h_1 = 6.0$m，滩地水深 $h_2 = 1.0$m。汛前实测得 $h_1 = 5.0$m 时的流量 $Q' = 167$m³/s，试求河道汛期流量 Q（按均匀流考虑）。

解：因为汛期左、右滩地的糙率及水深均相等，可合并计算，故将整个复式断面分成滩地和主槽两部分分别计算，然后应用式（4-10）即得河道汛期流量 Q。

由汛前已知条件，有

$$A'_1 = \frac{(20+25) \times 5.0}{2} = 112.5 \text{ m}^2$$

$$\chi'_1 = \sqrt{20^2 + 5^2} + \sqrt{25^2 + 5^2} = 46.11 \text{ m}$$

$$R'_1 = \frac{A'_1}{\chi'_1} = \frac{112.5}{46.11} = 2.44 \text{ m}$$

由基本公式（4-4），可得主槽的糙率为

$$n_1 = \frac{A'_1 R_1'^{2/3} i^{1/2}}{Q'} = \frac{112.5 \times 2.44^{2/3} \times 0.0004^{1/2}}{167} = 0.0244$$

汛期主槽的水力要素为

$$A_1 = A'_1 + 1 \times (25 + 20) = 112.5 + 45 = 157.5 \text{ m}^2$$

$$\chi_1 = \chi'_1 = 46.11 \text{ m}$$

$$R_1 = \frac{A_1}{\chi_1} = \frac{157.5}{46.11} = 3.416 \text{ m}$$

$$C_1 = \frac{1}{n} R_1^{1/6} = \frac{1}{0.0244} \times (3.416)^{1/6} = 50.30 \text{ m}^{0.5}/\text{s}$$

$$K_1 = A_1 C_1 \sqrt{R_1} = 157.5 \times 50.30 \times \sqrt{3.416} = 14642.24 \text{ m}^3/\text{s}$$

汛期滩地的水力要素为

$$A_2 = (150 + 100) \times 1 = 250 \text{ m}^2$$

$$\chi_2 = 1 \times 2 + 150 + 100 = 252 \text{ m}$$

$$R_2 = \frac{A_2}{\chi_2} = \frac{250}{252} = 0.992 \text{ m}$$

$$C_2 = \frac{1}{n_2} R_2^{1/6} = \frac{1}{0.038} \times (0.992)^{1/6} = 26.28 \text{ m}^{0.5}/\text{s}$$

$$K_2 = A_2 C_2 \sqrt{R_2} = 250 \times 26.28 \times \sqrt{0.992} = 6543.67 \text{ m}^3/\text{s}$$

由式（4-10）得河道汛期的流量为

$$Q = \sum K_i \sqrt{i}$$
$$= (K_1 + K_2)\sqrt{i}$$
$$= (14642.24 + 6543.67) \times \sqrt{0.0004}$$
$$= 423.72 \ \text{m}^3/\text{s}$$

第二节　明渠水流的两种流态及判别

一、急流与缓流

在人工非均匀流渠道的设计中，了解渠中水面如何变化，对正确确定渠堤高度，确保渠道安全运行，具有十分重要的意义，而渠中水面的变化又与渠道中水流的缓急程度有着非常密切的关系。

在图 4－10 (a) 所示的水流比较平缓的明渠中，渠底有一大块孤石，水流流过孤石时，在孤石上游的水面有所壅高，且水面的壅高现象可以逆水流方向传至上游较远处；而在图 4－10 (b) 所示的水流比较湍急的明渠中，若渠底具有同样一块孤石，水流流过孤石时却是一跃而过，仅产生局部水面凸起现象，对上游的水面不发生任何影响。可见要了解河渠水面的变化，必须先掌握水流缓急程度的判别方法。在水力学中，将图 4－10 (a) 所示的水流称为缓流；图 4－10 (b) 所示的水流称为急流。

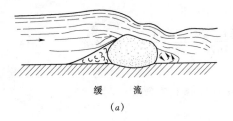
缓　流
(a)

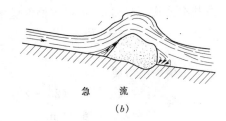
急　流
(b)

图 4－10

二、明渠水流流态的判别

如上所述，明渠水流存在着缓流和急流两种截然不同的流动现象，为能将这两种流态区分开来，下面我们来介绍几种判别方法。

(一)"波速"法

明渠水流遇到障碍物后，由于障碍物的扰动，将会形成微小干扰波（微波）。根据微波的传播原理，取动能修正系数 $\alpha = 1.0$，应用能量方程可以推得微波在静水中的传播速度为

$$c = \sqrt{g \frac{A}{B}} \qquad\qquad (4-11)$$

或

$$c = \sqrt{g\bar{h}} \qquad\qquad (4-12)$$

式中　c——微波在静水中的传播速度，简称为波速；

　　　A——过水断面面积；

B——过水断面的水面宽度；

$\overline{h}$——过水断面上的平均水深，$\overline{h}=A/B$。

当水流为缓流时，渠道的断面平均流速 v 小于波速 c，微波（即由石块所产生的干扰波）将以绝对速度 $c'=c-v$ 不断向上游传播，使得孤石前的水位壅高并逆水流方向传至上游较远处。同时，微波也以绝对速度 $c''=c+v$ 不断地向下游传播。

当水流为急流时，渠道的断面平均流速 v 大于波速 c，微波不能向上游传播，只能以绝对速度 $c''=c+v$ 向下游传播。这就是水流流过孤石时只能一跃而过，并在石块处形成局部水面凸起的原因。

当水流为不急不缓的临界流状态时，渠道的断面平均流速 v 等于波速 c，微波向上游传播的绝对速度 $c''=c-v=0$，故此时微波也不能向上游传播，只能以绝对速度 $c''=c+v=2v$ 向下游传播。

用比较渠道的断面平均流速 v 和微小干扰波波速 c 的大小，来判别明渠水流流态的方法，称为"波速"法（简记为"c"法），该方法可表达为

$$\text{"}c\text{"法}\begin{cases} v<c & \text{缓流} \\ v=c & \text{临界流} \\ v>c & \text{急流} \end{cases}$$

（二）"临界流速"法

若将水流临界流时所相应的渠道断面平均流速记为 v_c，并称 v_c 为临界流速，由"c"法可知，临界流时 $v=c=v_c$，则比较断面平均流速 v 与临界流速 v_c 也可得到一种流态判别方法，称为"临界流速"法（简记为"v_c"法），即有

$$\text{"}v_c\text{"法}\begin{cases} v<v_c & \text{缓流} \\ v=v_c & \text{临界流} \\ v>v_c & \text{急流} \end{cases}$$

（三）"弗劳德数"法

在水力学中，用 Fr 表示弗劳德数，且

$$Fr=\frac{v}{c}=\frac{v}{\sqrt{gA/B}}=\frac{v}{\sqrt{g\overline{h}}} \qquad (4-13)$$

根据"波速"法，显然用弗劳德数 Fr 与 1 比较，可以得到另一个判别流态的方法，即"弗劳德数"法（简记为"Fr"法），"Fr"法可表示为

$$\text{"}Fr\text{"法}\begin{cases} Fr<1 & \text{缓流} \\ Fr=1 & \text{临界流} \\ Fr>1 & \text{急流} \end{cases}$$

（四）"临界水深"法

水流处于临界流状态时，由式（4-13）$Fr=\dfrac{v}{\sqrt{gA/B}}=1$，可得

$$\frac{Q^2 B}{gA^3}=1 \qquad (4-14)$$

水流为临界流时其相应的水深称为临界水深，临界水深用 h_c 表示，如将与 h_c 有关的

水力要素均注以下角标"c"，则式（4-14）可表示为

$$\frac{Q^2}{g} = \frac{A_c^3}{B_c}$$ （4-15）

上式只有水流在临界流时才满足，故称为临界流方程，它是求解明渠水流临界水深 h_c 的基本方程。

对于矩形断面明渠，由式（4-14）可得临界水深为

$$h_c = \sqrt[3]{\frac{q^2}{g}}$$ （4-16）

对于其它形式断面的明渠，应用式（4-15）求解临界水深 h_c 时，往往会遇到求解高次方程的问题，一般可采用试算方法求解。

对于对称的梯形断面明渠，可直接应用附图Ⅲ求解临界水深，具体方法见例4-12。

理论上可以证明，用临界水深 h_c 与渠道中的实际水深 h 进行比较也能判别流态，并称为"临界水深"法（简记为"h_c"法）。其判别方法如下：

$$"h_c"法 \begin{cases} h > h_c & \text{缓流} \\ h = h_c & \text{临界流} \\ h < h_c & \text{急流} \end{cases}$$

（五）"临界底坡"法

在流量和断面形状、尺寸一定的棱柱体明渠中，水流以 $h_0 = h_c$ 作均匀流时所相应的渠道底坡称为临界底坡，并以 i_c 表示。显然，此时临界底坡上所相应的水流流态为均匀临界流。

不难理解，在上述给定条件下，若将明渠的底坡变缓，使得 $i < i_c$，则渠中水深 h_0 必增加为 $h_0 > h_c$，水流为均匀缓流；若将明渠底坡变陡，使得 $i > i_c$，则渠中水深 h_0 必减小为 $h < h_c$，水流为均匀急流。

根据临界底坡上所相应的水流既是均匀流又是临界流的特点，由明渠均匀流的基本公式（4-4）和临界流方程（4-15），很容易得到临界底坡 i_c 的计算公式为

$$i_c = \frac{g\chi_c}{C_c^2 B_c}$$ （4-17）

式中带下角标"c"的物理量为与临界水深 h_c 有关的水力要素。

由于式（4-17）是在水流同时满足临界流和均匀流的两个条件下得到的，可见临界底坡只对 $i > 0$ 的正坡渠道才有意义。

临界水深是在流量和渠道断面形状、尺寸给定条件下的底坡特征值，它与正坡渠道的实际底坡 i 的大小无关。比较渠道实际底坡 i 与临界底坡 i_c 的大小，根据渠道底坡的相对陡缓程度，正坡明渠的底坡又可分为三种类型，即 $i < i_c$ 为缓坡；$i = i_c$ 为临界坡；$i > i_c$ 为陡坡。

从以上关于临界底坡的定义可知，当 $i < i_c$ 时，$h_0 > h_c$；$i = i_c$ 时，$h_0 = h_c$；$i > i_c$ 时，$h_0 < h_c$。可见比较 i 与 i_c 或者 h_0 与 h_c 的大小，均可以判别明渠均匀流的流态以及渠道底坡的性质（即缓坡、临界坡或陡坡）。比较实际底坡 i 与临界底坡 i_c 的大小判别水流流态的方法，称为"临界底坡"法，并简记为"i_c"法。可具体表示如下：

$$“i_c”法\begin{cases} i < i_c, & (h_0 > h_c) & 为缓坡，渠道中的均匀流为缓流 \\ i = i_c, & (h_0 = h_c) & 为临界坡，渠道中的均匀流为临界流 \\ i > i_c, & (h_0 < h_c) & 为陡坡，渠道中的均匀流为急流 \end{cases}$$

为便于比较，现将上述各种方法归纳于表 4-6。

表 4-6   流态判别方法归纳表

判别方法	流动状态	缓 流	临 界 流	急 流
均匀流或非均匀流	"c" 法 "v_c" 法 "Fr" 法 "h_c" 法	$v < c$ $v < v_c$ $Fr < 1$ $h > h_c$	$v = c$ $v = v_c$ $Fr = 1$ $h = h_c$	$v > c$ $v > v_c$ $Fr > 1$ $h < h_c$
均 匀 流	"i_c" 法	$i < i_c$ ($h_0 > h_c$) （缓坡）	$i = i_c$ ($h_0 = h_c$) （临界坡）	$i > i_c$ ($h_0 < h_c$) （陡坡）

【例 4-6】   有一矩形断面渠道，已知渠宽 $b = 4\text{m}$，流量 $Q = 22\text{m}^3/\text{s}$，水深 $h = 2.4\text{m}$。①试分别用各种判别方法判别渠中水流的流态；②若渠中水流为均匀流。试判别渠道底坡是缓坡还是陡坡。

解：1. 判别水流的流态

（1）"c" 法：

渠道中的断面流速为 $v = \dfrac{Q}{A} = \dfrac{22}{4 \times 2.4} = 2.29 \text{ m/s}$

由式（4-12），微小干扰波的波速为

$$c = \sqrt{g\bar{h}} = \sqrt{gh} = \sqrt{9.8 \times 2.4} = 4.85 \text{ m/s}$$

因 $v < c$，故渠中水流为缓流。

（2）"v_c" 法：

由式（4-16），矩形断面明渠中的临界水深为

$$h_c = \sqrt[3]{\frac{q^2}{g}} = \sqrt[3]{\frac{(Q/b)^2}{g}} = \sqrt[3]{\frac{(22/4)^2}{9.8}} = 1.46 \text{ m}$$

水流为临界流时，有 $v_c = \dfrac{Q}{bh_c} = \dfrac{22}{4 \times 1.46} = 3.77\text{m/s}$，已求得 $v = 2.29\text{m/s}$，因 $v < v_c$，故水流为缓流。

（3）"Fr" 法：

由式（4-13），弗劳德数为

$$Fr = \frac{v}{\sqrt{gh}} = \frac{2.29}{\sqrt{9.8 \times 2.4}} = 0.472 < 1$$

水流为缓流。

（4）"h_c" 法：

渠道的实际水深 $h = 2.4\text{m}$，$h_c = 1.46\text{m}$，因 $h > h_c$，故水流为缓流。

2. 底坡判别

因渠中为均匀流时，渠中正常水深 $h_0 = h = 2.4\text{m}$，已求得 $h_c = 1.46\text{m}$，因 $h_0 > h_c$，故渠道的底坡为缓坡。

第三节 水 跌 和 水 跃

水跌和水跃是在明渠非均匀流中，缓流与急流相互过渡时所产生的两种局部水力现象。现将棱柱体明渠中水跌和水跃的有关问题分别做一简单介绍。

一、水跌

明渠水流由缓流 $(h > h_c)$ 过渡到急流 $(h < h_c)$，所产生的一种水面急剧且平顺降落的局部水力现象称为水跌。

图 4-11 为 $i_1 < i_c$ 的缓坡棱柱体明渠与 $i_2 > i_c$ 的陡坡棱柱体明渠相连接的情形，由于底坡的变化，使得水流在连接断面 $A—A$ 前后的局部范围，产生水面急剧下降的水跌现象，水流由上游缓坡上 $h_{01} > h_c$ 的缓流状态，过渡到下游陡坡上 $h_{02} < h_c$ 的急流状态。如果 $A—A$ 断面为渐变流断面，则由理论分析可知，连接断面 $A—A$ 处的水深为临界水深 h_c，但由于 $A—A$ 断面实际上并不是渐变流断面，故 $A—A$ 断面处的实际水深 h 是小于临界水深 h_c 的，不过二者差别不大，工程上一般都近似认为临界水深 h_c 就发生在 $A—A$ 断面处。

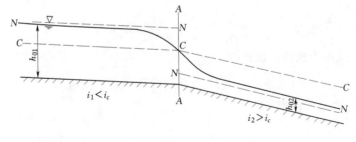

图 4-11

二、水跃

（一）水跃及其有关概念

明渠水流由急流 $(h < h_c)$ 过渡到缓流 $(h > h_c)$，所产生的一种水面突然跃起的局部水力现象称为水跃。

如图 4-12 所示为棱柱体平底 $(i = 0)$ 明渠中的水跃，1—1 和 2—2 断面分别称为跃前断面和跃后断面，跃前断面和跃后断面的水深分别称为跃前水深和跃后水深，用 h_1 和 h_2 表示。由于 h_1 和 h_2 之间存在着一一对应关系，故称为共轭水深，并称 h_1 为第一共轭水深，h_2 为第二共轭水深。跃后水深与跃前水深之差 a 叫做水跃高度，简称为跃高，即跃高 $a = h_2 - h_1$。水跃跃前与跃后断面之间的水平距离 l_j 叫做水跃长度，简称为跃长。水跃的水力计算任务主要是：①已知共轭水深 h_1 和 h_2 中的一个求另外一个；②计算跃长 l_j。

了解和认识明渠中的水跃现象，掌握水跃水力计算的基本方法，对于解决渠道水力计算以及泄水建筑物下游水流衔接与消能问题，均有很重要的意义。下面主要介绍矩形和梯形断面棱柱体平底明渠中水跃水力计算的有关问题与方法。

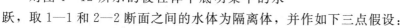

图 4-12

（二）棱柱体平底明渠的水跃方程

要计算共轭水深，必须建立共轭水深 h_1 与 h_2 之间的关系式，此关系式即为水跃方程。

对图 4-12 所示的棱柱体平底明渠中的水跃，取 1—1 和 2—2 断面之间的水体为隔离体，并作如下三点假设：

（1）忽略明渠壁面对水流的摩擦阻力。

（2）跃前、跃后断面为渐变流断面，即该两断面上的动水总压力分别可按 $F_1 = \gamma h_{C1} A_1$ 和 $F_2 = \gamma h_{C2} A_2$ 计算。

（3）跃前、跃后断面的动量修正系数 $\beta_1 = \beta_2 = 1.0$。

运用动量方程，即可得到棱柱体平底明渠的水跃方程为

$$\frac{Q^2}{gA_1} + A_1 h_{C1} = \frac{Q^2}{gA_2} + A_2 h_{C2} \tag{4-18}$$

当流量和渠道的断面形状、尺寸一定，则上式的左右两边，分别为跃前水深 h_1 和跃后水深 h_2 的函数，该函数叫做水跃函数，并以 $J(h)$ 表示，即

$$J(h) = \frac{Q^2}{gA} + A h_c$$

因此水跃方程，式（4-18）也可用水跃函数形式表达为

$$J(h_1) = J(h_2) \tag{4-19}$$

由上式可见，当流量和渠道的断面形状、尺寸一定时，棱柱体平底明渠水跃的跃前与跃后断面具有相等的水跃函数值。

在流量及断面形状、尺寸一定的情况下，若以水深 h 为纵坐标，水跃函数 $J(h)$ 为横坐标，给定一系列水深 h 值，可算出一系列相应的水跃函数 $J(h)$ 值。将这些 h 及 $J(h)$ 点绘于坐标平面上，并用光滑曲线连接起来，便得到 $h \sim J(h)$ 关系曲线，即水跃函数曲线，如图 4-13 所示。

当已知 h_1 求 h_2 时，可根据 h_1 值绘水平线与曲线下支相交，再通过交点绘铅垂线与曲线上支交于 b 点，由 b 点绘水平线，在 h 坐标上即可求得与 h_1 相应的 h_2。

从水跃函数曲线的形状可知，水跃函数曲线具有如下特性：

（1）跃前水深越小则跃后水深越大，跃前水深越大则跃后水深越小。

（2）当水跃函数 $J(h)$ 为最小值时，相应的水深为临界水深 h_c。$J(h)$ 值最小的点将水跃函数曲

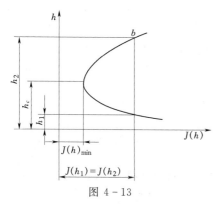

图 4-13

线分为上、下两支。

（3）曲线的下支 $h < h_c$，$J(h)$ 值随水深 h 的增加而减小，水流为急流；曲线的上支 $h > h_c$，$J(h)$ 值随水深 h 的增加而增加，水流为缓流。

（三）矩形断面棱柱体平底明渠共轭水深的计算

对于宽度为 b 的矩形断面明渠，将单宽流量 $q = Q/b$，跃前、跃后断面的弗劳德数分别为 $Fr_1 = q/\sqrt{gh_1^3}$，$Fr_2 = q/\sqrt{gh_2^3}$，$A = bh$，$h_c = h/2$ 代入式（4-18），经整理得到 h_1 和 h_2 的计算公式分别为

$$h_1 = \frac{h_2}{2}\left(\sqrt{1 + 8Fr_2^2} - 1\right) \qquad (4-20)$$

$$h_2 = \frac{h_1}{2}\left(\sqrt{1 + 8Fr_1^2} - 1\right) \qquad (4-21)$$

式（4-20）、式（4-21）即为矩形断面棱柱体平底明渠共轭水深的计算公式。

对于梯形断面棱柱体平底明渠可采用附图Ⅳ所示的图解法求共轭水深 h_1 或 h_2。对于其它任意断面形式的棱柱体平底明渠，其共轭水深 h_1 或 h_2 的计算，均可根据 h_1 与 h_2 具有相等的水跃函数值的特点，运用式（4-18）进行试算求解。

【例 4-7】 有一发生在矩形断面棱柱体平底明渠中的水跃，已知渠宽 $b = 5$m，流量 $Q = 40$m³/s，跃前水深 $h_1 = 0.6$m。试求：①计算跃后水深 h_2；②计算临界水深 h_c；③绘制水跃函数曲线 [即 $h \sim J(h)$ 关系曲线]，并根据 h_1、h_2 及 h_c 在水跃函数曲线上的位置验证水跃函数曲线的特性。

解： 1. 计算跃后水深 h_2

单宽流量 $q = Q/b = 40/5 = 8$m³/（s·m），跃前断面的弗劳德数

$$Fr_1 = \frac{q}{\sqrt{gh_1^3}} = \frac{8}{\sqrt{9.8 \times 0.6^3}} = 5.5$$

由式（4-21）即得跃后水深

$$h_2 = \frac{h_1}{2}\left(\sqrt{1 + 8Fr_1^2} - 1\right) = \frac{0.6}{2} \times \left(\sqrt{1 + 8 \times 5.5^2} - 1\right) = 4.38 \text{ m}$$

2. 计算临界水深 h_c

由式（4-16）得

$$h_c = \sqrt[3]{\frac{q^2}{g}} = \sqrt[3]{\frac{8^2}{9.8}} = 1.87 \text{ m}$$

3. 绘制水跃函数曲线

由水跃函数

$$J(h) = \frac{Q^2}{gA} + Ah_c$$

设一系列不同的水深 h，并根据上式计算出相应于各水深 h 的水跃函数值 $J(h)$，将计算结果列于表 4-7 中。

表 4-7

水跃函数曲线计算表

h (m)	$A=bh$ (m)	$h_C=h/2$ (m)	Ah_C (m³)	Q^2/gA (m³)	$J(h)$ (m³)
0.50	2.50	0.25	0.625	65.306	65.9
0.60	3.00	0.30	0.90	54.422	55.3
1.00	5.00	0.50	2.50	32.653	35.1
1.50	7.50	0.75	5.625	21.769	27.4
1.87	9.35	0.935	8.742	17.462	26.2
2.00	10.0	1.00	10.0	16.327	26.3
2.50	12.5	1.25	15.625	13.061	28.7
3.50	17.5	1.75	30.625	9.329	40.0
4.00	20.0	2.00	40.0	8.163	48.2
4.38	21.88	2.188	47.86	7.46	55.3
5.00	25.0	2.50	62.5	6.531	69.0

根据上表中的计算结果绘制水跃函数曲线，如图 4-14。

根据表 4-7 及图 4-14，对水跃函数曲线的特性验证如下：

(1) 由图 4-14 可见，当 h_1 越小则 h_2 越大，h_1 越大则 h_2 越小。

(2) 水跃函数的最小值 $J(h)_{min}=26.2$ 时，相应的水深为临界水深，即 $h=h_c=$ 1.87m。$J(h)_{min}=26.2$ 的点将水跃函数曲线分为上、下两支。

(3) h_1 位于曲线的下支，且 $h_1<h_c$，水流为急流；h_2 位于曲线的上支，且 $h_2>h_c$，水流为缓流。

由图 4-14（或表 4-7）还可以看出，跃前、跃后水深具有相等的水跃函数值，即 $J(0.6)=J(4.38)=55.3$。

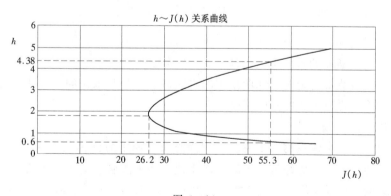

图 4-14

【例 4-8】 某梯形断面棱柱体平底明渠，已知水跃的跃前水深 $h_1=0.5$m，流量 $Q=65$m³/s，渠道底宽 $b=6$m，边坡系数 $m=1.0$。试利用图解法求跃后水深 h_2。

解：用图解法求解 h_2。应用附图Ⅳ，求解梯形断面明渠中水跃的共轭水深,注意到图中 q 表示与梯形断面明渠底宽相等的矩形断面明渠在同流量条件下的单宽流量。先计算出

$$q = \frac{Q}{b} = \frac{65}{6} = 10.83 \ \text{m}^3/(\text{s} \cdot \text{m})$$

$$q^{2/3} = 10.83^{2/3} = 4.895$$

$$\frac{h_1}{q^{2/3}} = \frac{0.5}{4.895} = 0.102$$

$$N = \frac{mq^{2/3}}{b} = \frac{1 \times 4.895}{6} = 0.816$$

由 $h_1/q^{2/3} = 0.102$ 及 $N = 0.816$，查附图Ⅳ得 $h_2/q^{2/3} = 1.059$，即得
$$h_2 = 1.059 \times q^{2/3} = 1.059 \times 4.895 = 5.18 \ \text{m}$$

（四）棱柱体平底明渠跃长的计算

水跃长度是设计泄水建筑物消能段长度的主要依据之一，计算跃长的经验公式很多，各公式的计算结果有时相差较大，由于这些经验公式大多是通过试验成果分析得到的，因此，在运用跃长的计算公式时，应特别注意公式的应用条件。试验表明，棱柱体明渠水跃长度的大小与渠道过水断面的形状有关。下面介绍几个棱柱体平底明渠跃长的计算公式，各公式的应用条件可参考有关水力计算手册。

1. 棱柱体矩形断面平底明渠的跃长公式

（1）欧勒佛托斯基公式：
$$l_j = 6.9(h_2 - h_1) \tag{4-22}$$

（2）吴持恭公式：
$$l_j = 10 Fr_1^{-0.32}(h_2 - h_1) \tag{4-23}$$

（3）陈椿庭公式：
$$l_j = 9.4 h_1 (Fr_1 - 1) \tag{4-24}$$

以上各式中的 Fr_1 均为跃前断面的弗劳德数。

2. 棱柱体梯形断面平底明渠的跃长公式

$$l_j = 5 h_2 \left(1 + 4 \sqrt{\frac{B_2 - B_1}{B_1}} \right) \tag{4-25}$$

式中　B_1——跃前断面的水面宽度，$B_1 = b + 2mh_1$；

　　　B_2——跃后断面的水面宽度，$B_2 = b + 2mh_2$。

应该指出，本节所讨论的平底明渠中的水跃基本方程及水跃的水力计算公式，也可近似应用于 $i < 1/10$ 的小底坡棱柱体明渠。

（五）水跃的三种形式

实际工程中，泄水建筑物的下游一般均为急流，而下游河槽的水深 h_t 通常取决于下游河槽的水力特性，大多为缓流。此时，泄水建筑物下游必然会形成水跃。以图 4-15 所示的溢流坝为例，设溢流坝下游收缩断面水深为 h_{co}，以 h_{co} 为跃前水深代入水跃方程（4-18），即可求得其共轭水深 h''_{co}。比较 h''_{co} 与下游河槽水深 h_t 的大小，可以确定水跃在泄水建筑物下游发生的位置，根据水跃发生的位置，可将水跃分为三种形式。

1. 临界水跃

当 $h_t = h''_{co}$ 时，水跃的跃前水深 h_1 正好等于泄水建筑物下游的收缩断面水深 h_{co}，水跃由收缩断面处开始发生，如图 4-15（a）所示，这种水跃称为临界水跃。

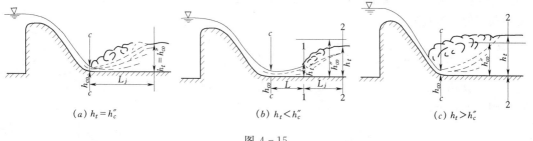

$(a)\ h_t=h''_c$　　　　　　$(b)\ h_t<h''_c$　　　　　　$(c)\ h_t>h''_c$

图 4 - 15

2. 远离水跃

当 $h_t<h''_{co}$ 时，从水跃函数曲线（图 4 - 13）可知，较小的跃后水深对应着较大的跃前水深，此时下游水深 h_t 要求有一个大于 h_{co} 的跃前水深 h_1 与之相对应。因收缩断面水深 h_{co} 是下游的最小水深，故从建筑物下泄的急流将越过收缩断面继续流向下游河槽，直到由于河槽阻力的作用，水深逐渐增大到恰好等于与下游水深 h_t 所要求的跃前水深 h_1 相等的某断面时，水跃才开始发生，如图 4 - 15 （b）所示，这种水跃称为远离水跃。

3. 淹没水跃

当 $h_t>h''_{co}$ 时，下游水深要求一个比 h_{co} 更小的跃前水深 h_1 与之相对应，但收缩断面水深 h_{co} 是下游的最小水深，下游不可能存在一个比 h_{co} 更小的水深。由于发生临界水跃时，下游河槽水深 $h_t=h''_{co}$，跃前断面位于收缩断面处，如果下游河槽水深再继续增大到 $h_t>h''_{co}$，则水跃必然会逆水流方向继续向上游移动，从而淹没收缩断面并涌向建筑物，如图 4 - 15 （c）所示，这种水跃称为淹没水跃。

关于 h''_{co} 的计算方法和水跃形式的判别问题，将在第六章中作进一步介绍。

第四节　棱柱体明渠非均匀渐变 流水面曲线的定性分析

在实际工程中，由于渠道底坡的变化或因为渠道上所设置的控制和调节建筑物的影响，会使渠道的水面线在一定范围内发生较大的变化，从而产生明渠非均匀流。要正确确定渠堤高度，确保渠道工程和渠系建筑物的运行安全，就必须掌握各种不同情况下水面曲线的型式和变化范围。

一、明渠底坡的类型

如前所述，明渠底坡归纳起来有如下五种类型：

$$
\text{底坡类型}
\begin{cases}
i>0\ \text{正坡有三种类型}
\begin{cases}
i<i_c & \text{缓坡} \\
i=i_c & \text{临界坡} \\
i>i_c & \text{陡坡}
\end{cases} \\
i=0\ \text{平坡} \\
i<0\ \text{负坡}
\end{cases}
$$

二、棱柱体明渠非均匀渐变流水面曲线的定性分析

现以矩形断面棱柱体正坡明渠为例，来介绍一下水面曲线的定性分析的具体方法。在

图 4-16 所示的正坡明渠上，任取两个相距为 l 的渐变
流断面列能量方程如下：

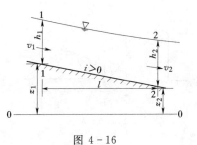

$$z_1 + \frac{p_1}{\gamma} + \frac{\alpha_1 v_1^2}{2g} = z_2 + \frac{p_2}{\gamma} + \frac{\alpha_2 v_2^2}{2g} + h_f$$

上式中，取 $\alpha_1 = \alpha_2 = 1.0$，并注意到 $p_1/\gamma = h_1$，$p_2/\gamma = h_2$，则由上式可得

图 4-16

$$h_2 - h_1 + \frac{v_2^2 - v_1^2}{2g} = z_1 - z_2 - h_f$$

对于宽度为 b 的矩形断面棱柱体明渠 $Q = bh_1 v_1 = bh_2 v_2$，则

$$\frac{v_2^2 - v_1^2}{2g} = \frac{Q^2}{2gb^2}\left(\frac{1}{h_2^2} - \frac{1}{h_1^2}\right) = \frac{Q^2}{2gb^2}\frac{h_1^2 - h_2^2}{(h_1 h_2)^2}$$

因为 $z_1 - z_2 = il$，$h_f = Jl$，故得

$$\frac{h_2 - h_1}{l} = \frac{i - J}{1 - \dfrac{Q^2}{2gb^2}\dfrac{h_1 + h_2}{(h_1 h_2)^2}} \qquad (4-26)$$

对于明渠渐变流，借用均匀流公式 $Q \approx K\sqrt{J}$，K 为相应于实际水深 h 的流量模数，有

$$J \approx \frac{Q^2}{K^2}$$

对于 $i > 0$ 的正坡明渠，它能发生均匀流，上式中的流量可用均匀流公式 $Q = K_0\sqrt{i}$ 代入，得

$$J \approx \frac{Q^2}{K^2} = i\left(\frac{K_0}{K}\right)^2 \qquad (4-27)$$

这里 K_0 是相应于正常水深 h_0 的流量模数。

现研究两个相邻断面水深的变化。对于两相邻断面，水深 h_1 和 h_2 相差不大。因此，可近似认为

$$h_1 + h_2 = 2h_1 = 2h \qquad (4-28)$$
$$h_1 h_2 = h_1^2 = h^2 \qquad (4-29)$$

将式（4-27）、（4-28）、（4-29）及临界水深 $h_c = \sqrt[3]{Q^2/gb^2}$ 代入式（4-26），经整理得

$$\frac{h_2 - h_1}{l} = i\frac{1 - \left(\dfrac{K_0}{K}\right)^2}{1 - \left(\dfrac{h_c}{h}\right)^3} \qquad (4-30)$$

上式即为正坡棱柱体明渠水面曲线的分析方程。由该式可见，水深的变化与 h_0 及 h_c 有关。为便于分析，在明渠中作正常水深线 N—N 和临界水深线 C—C。实际水深 h 大于

100

h_0 和 h_c 的区域记作①区；实际水深 h 介于 h_0 和 h_c 两者之间的区域记作②区；实际水深 h 小于 h_0 和 h_c 的区域记作③区。

现对 $i<i_c$ 的缓坡明渠的水面曲线进行分析如下：

对于缓坡明渠，因 $h_0>h_c$，故 N—N 线在 C—C 线之上。

①区：$h>h_0>h_c$，因 $h>h_0$，故 $K>K_0$，$K_0/K<1$；又因 $h>h_c$，故 $h_c/h<1$。由式（4-30）可以看出 $h_2>h_1$，故该区的水面曲线为水深沿程增加的壅水曲线，记作 M_1。

②区：$h_c<h<h_0$，因 $h<h_0$，故 $K<K_0$，$K_0/K>1$；又因 $h>h_c$，故 $h_c/h<1$。由式（4-30）可以看出 $h_2<h_1$，故该区的水面曲线为水深沿程减小的降水曲线，记作 M_2。

③区：$h<h_c<h_0$，因 $h<h_0$，故 $K<K_0$，$K_0/K>1$；又因 $h<h_c$，故 $h_c/h>1$。由式（4-30）可以看出 $h_2>h_1$，故该区的水面曲线为水深沿程增加的壅水曲线，记作 M_3。

用与以上相类似的方法进行分析，可以得出各种不同底坡上，相应于不同区域的 12 种不同型式的水面曲线，它们的形状与特征见表 4-8。

三、棱柱体明渠水面曲线定性分析

1. 棱柱体明渠水面曲线定性分析步骤

（1）绘制渠道底坡线及导致渠道产生非均匀流的建筑物或其它边界。

（2）多段渠道相连时，作出各渠段的分界线。

（3）绘制 C—C 线（若渠道是由底坡不同的多段渠道组成时，C—C 线为一与底坡相平行的折平行线）。

（4）绘制正坡渠道上的 N—N 线（$i<i_c$，N—N 线在 C—C 线之上；$i>i_c$，N—N 线在 C—C 线之下；$i=i_c$，N—N 线与 C—C 线重合）。

（5）找出控制断面，确定控制水深。如：闸、坝的上、下游断面处的水深；水跃处的水深；陡坡上游远端的均匀流水深及缓坡下游远端的均匀流水深等。

（6）根据边界情况，参照表 4-8，并结合波的传播概念，定性分析并绘制水面曲线。

2. 棱柱体明渠水面曲线定性分析举例

【例 4-9】 图 4-17 为陡坡与缓坡相连的两段棱柱体明渠，各渠段充分长，试分析并定性绘制其可能产生的水面曲线。

解： 作渠段分界线及 N—N 线和 C—C 线如图 4-17 所示。因为底坡的变化是使渠道产生非均匀流的根本原因，在两渠段相连的非均匀流区域的上游的均匀流为急流，下游的均匀流为缓流，水流由上游的急流过渡到下游的缓流，在两渠段的连接处附近必产生水跃。现就水跃发生的位置及可能产生的水面曲线的类型作进一步分析如下：

以上游陡坡渠段 i_1 和下游缓坡段 i_2 上的正常水深 h_{01} 及 h_{02} 为控制水深。设与 h_{01} 相应的跃后水深为 h''_{01}，比较 h''_{01} 与 h_{02} 可知，水跃发生的位置及产生的非均匀流水面曲线可能有三种情况：

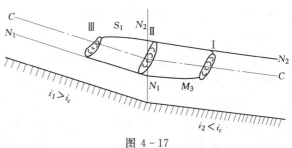

图 4-17

表 4-8　　　　　　　　　　　　　棱柱体明渠水面曲线表

底坡及曲线类型			曲 线 特 征	工 程 实 例
$i < i_c$（M 型，N—M_1—N 水平线，C—M_2—C，M_3，90°，90°）	M_1	上端	以 N—N 线为渐近线	(N M_1 / C M_3 / M_2 N / C，$i < i_c$)
		下端	以水平线为渐近线	
	M_2	上端	以 N—N 线为渐近线	
		下端	有与 C—C 线相垂直的趋势	
	M_3	上端	起始于某一控制水深	
		下端	有与 C—C 线相垂直的趋势	
$i_1 > i_c$（S 型，C 90°，90°，C—S_1—水平线，N—S_2—C，S_3—N）	S_1	上端	有与 C—C 线相垂直的趋势	(N_1 M_2 N_1 / N_1 S_2 S_1 / S_3 C / N_2，$i < i_c$，$i_1 > i_c$)
		下端	以水平线为渐近线	
	S_2	上端	有与 C—C 线相垂直的趋势	
		下端	以 N—N 线为渐近线	
	S_3	上端	起始于某一控制水深	
		下端	以 N—N 线为渐近线	
$i = i_c$（C 型，$N(C)$—C_1—C_1，C_3—$N(C)$）	C_1	上端	与 $N(C)$—$N(C)$ 线相接	(N C_1 / C C_3 N / C，$i = i_c$)
		下端	以水平线为渐近线	
	C_3	上端	起始于某一控制水深	
		下端	与 $N(C)$—$N(C)$ 线相接	
$i = 0$（H 型，水平线—H_2，H_3，90°）	H_2	上端	以水平线为渐近线	(C—C H_3 / H_2 / C，$i = 0$)
		下端	有与 C—C 线相垂直的趋势	
	H_3	上端	起始于某一控制水深	
		下端	有与 C—C 线相垂直的趋势	
$i < 0$（A 型，水平线—A_2，A_3，90°）	A_2	上端	以水平线为渐近线	(C—A_3 / A_2 C / $i < 0$)
		下端	有与 C—C 线相垂直的趋势	
	A_3	上端	起始于某一控制水深	
		下端	有与 C—C 线相垂直的趋势	

　　当 $h''_{01} > h_{02}$ 时，水跃发生在 I 处，由陡坡渠段 N_1—N_1 线的末端开始，产生 M_3 型壅水曲线与下游水跃连接，水跃为远离水跃；当 $h''_{01} = h_{02}$ 时，水跃发生在变坡断面 II 处，水跃为临界水跃；当 $h''_{01} < h_{02}$ 时，水跃发生在 III 处，水跃的末端以 S_1 型壅水曲线与下游缓坡渠道上的 N_2—N_2 线相连，水跃为淹没水跃。

　　【例 4-10】　如图 4-18 所示的棱柱体明渠，因地形变化，采用两种底坡连接。已知 $i_1 < i_2 < i_c$，各渠段充分长，试分析图中所示四种情形的水面曲线发生的可能性。

　　解： 根据已知条件，作渠段分界线及 N—N 线和 C—C 线如图。

　　对于充分长的渠道，底坡的变化所造成的非均匀流的影响范围是有限的，即第一渠段上游远端和第二渠段下游远端的水流仍可近似视为以 h_{01} 和 h_{02} 为正常水深的均匀流动。现对各种情形水面曲线发生的可能性，分别作具体分析如下：

第①种情形：尽管 i_1、i_2 均为缓坡，但因为 i_2 $>i_1$，故水流进入下游渠段会相对加速，水深相对减小，实际水深 h 应向 h_{02} 趋近，故不会发生图中所示的 M_1 型壅水曲线。

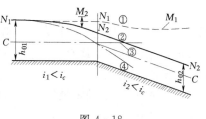

图 4-18

第②种情形：因为 $i_1<i_2<i_c$，两段都是缓坡，中间又无其它建筑物的干扰，故以下游远端的均匀流水深为控制水深。由于下游缓坡上的均匀流为缓流，均匀流可一直向上游延伸至第一与第二渠段的交界断面处，两渠段连接断面的上游满足 $h_{01}>h>$ h_c，故第一渠段的下游应以 M_2 型降水曲线与第二渠段的正常水深线 N_2-N_2 的首端相连。所以，第②种情形是可能发生的。

第③种情形：在第二渠段的②区，不可能发生任何形式的壅水曲线，只能发生 M_2 型降水曲线，而降水曲线不可能使实际水深 h 增至 h_{02}，故这种情形是不可能发生的。

第④种情形：在第二渠段的③区，不可能发生降水曲线，可见这种情形也是不可能发生的。

【例 4-11】 由四段不同底坡且充分长的渠段组成的渠道，如图 4-19 所示，渠道末端设有跌坎。当上游水库水位已知时，试定性绘制该渠道中的水面曲线。

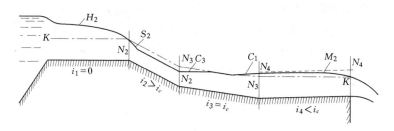

图 4-19

解： 由已知条件作出各渠段的分界线、$N-N$ 线和 $C-C$ 线。

先以上游平坡段末端跌水处的水深为控制水深，平坡段渠道中满足 $h>h_c$，应为 H_2 型降水曲线。第二渠段为陡坡，渠道中满足 $h_c>h>h_0$，应产生 S_2 型降水曲线，S_2 型线下端以 N_2-N_2 为渐近线，进入下游临界坡段，满足 $h<h_c$，产生 C_3 型壅水曲线与 N_3-N_3 线（或 $C-C$ 线）相接。再以第四渠段末端跌坎处水深 h_c 为控制水深，坎上游水深满足 $h_0>h>h_c$，应产生 M_2 型降水曲线，M_2 型水面曲线向上游延伸至第三与第四渠段的交界断面处，且满足 $h>h_c$，故上游临界坡末端应产生 C_1 型壅水曲线与 M_2 型曲线相连，C_1 型壅水曲线的上端与临界坡段的 N_3-N_3 线（或 $C-C$ 线）相接。

综合以上水面曲线定性分析与绘制的例题以及表 4-8 所列的曲线情况，可以看出：

(1) ①、③区的水面曲线都是水深沿程增加的壅水曲线；②区的水面曲线都是水深沿程减小的降水曲线。

(2) 除 C_1 和 C_3 型水面曲线外，其它水面曲线均是当实际水深 h 趋向于正常水深 h_0

时，水面曲线以 $N—N$ 线为渐近线；当实际水深 h 趋向于临界水深 h_c 时，水面曲线有与 $C—C$ 线相垂直的趋势。

（3）每一确定区域，只有一种确定形式的渐变流水面曲线，如果该区出现了急变流则属例外。如：缓坡上安装闸门，若闸门开启度 $e < h_c$ 时，应发生 M_3 型壅水曲线，但由于惯性的作用，闸门下缘至闸后收缩断面之间却有一段急变流降水曲线，收缩断面之后才是 M_3 型壅水曲线。

（4）对于 $i > 0$ 的正坡明渠，可以认为非均匀流只是发生在底坡或断面突变处的上、下游附近有限范围内，渠道上、下游的远端仍近似视为均匀流。

第五节　棱柱体明渠非均匀渐变流水面曲线的计算

上面对棱柱体明渠的水面曲线进行了定性分析，但在水力学中，研究水面曲线的最终目的，是要解决水面曲线的定量计算问题，以便为渠道工程的设计提供必要的依据。

水面曲线的计算方法较多，本节仅介绍明渠水面曲线计算的分段求和法，它是水面曲线计算的基本方法，这种方法不仅适用于棱柱体明渠，也适用于非棱柱体明渠和天然河道水面曲线的计算。

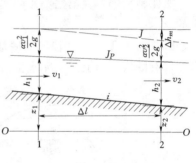

图 4-20

一、分段求和法的基本公式

如图 4-20 所示的棱柱体明渠恒定非均匀渐变流，明渠的底坡为 i，取基准面 $O—O$ 如图所示，对相距为 Δl 的两个渐变流断面 1—1 和 2—2 列能量方程，有

$$z_1 + h_1 + \frac{\alpha_1 v_1^2}{2g} = z_2 + h_2 + \frac{\alpha_2 v_2^2}{2g} + \Delta h_w$$

将上式移项，得

$$\left(h_1 + \frac{\alpha_1 v_1^2}{2g}\right) - \Delta h_w = \left(h_2 + \frac{\alpha_2 v_2^2}{2g}\right) - (z_1 - z_2) \tag{4-31}$$

因水流为渐变流，可忽略局部水头损失，只考虑沿程水头损失，即 $\Delta h_w = \Delta h_f$。又因非均匀流的水力坡度 J 是沿程变化的，在流段较短时，可用该流段的平均水力坡度 $\overline{J}$ 来代替 J，亦即

$$\overline{J} = \frac{\Delta h_w}{\Delta l} = \frac{\Delta h_f}{\Delta l} \tag{4-32}$$

得 $\Delta h_w = \overline{J} \Delta l$。另由式（4-1）可得

$$z_1 - z_2 = i \Delta l \tag{4-33}$$

将式（4-32）、（4-33）代入式（4-31），经整理得

$$\Delta l = \frac{E_{sd} - E_{su}}{i - \overline{J}} \tag{4-34}$$

或

$$\Delta l = \frac{\Delta E_s}{i - \overline{J}} \tag{4-35}$$

上式即为分段求和法的基本公式。式中的 $E_s = h + \alpha v^2 / 2g$ 是以过水断面的最低点为基准面时，断面上单位重量液体所具有的机械能，称为断面比能（或称断面单位能量）。断面比能 E_s 与断面总机械能 E 是两个完全不同的概念，两者最主要的区别在于基准面的选择不同，断面比能是以通过断面本身最低点的基准面来计算的，而断面总机械能则是各断面相对于同一基准面来计算的。显然，由于能量损失的存在，断面总机械能总是沿程减小的，而断面比能则可能沿程减小，也可能沿程增加或者沿程不变。

基本公式（4-35）中的 ΔE_s，为流段 Δl 下游断面的断面比能 E_{sd} 与上游断面的断面比能 E_{su} 之差，即

$$\Delta E_s = E_{sd} - E_{su} \qquad (4-36)$$

平均水力坡度 $\overline{J}$ 可用谢才公式计算，即

$$\overline{J} = \frac{1}{2}(J_u + J_d) \qquad (4-37)$$

或

$$\overline{J} = \frac{Q^2}{\overline{K}^2} \qquad (4-38)$$

上二式中　　J_u、J_d——上、下游断面的水力坡度，$J = (nQ/AR^{2/3})^2$；

　　　　　　$\overline{K}$——平均流量模数，$\overline{K}^2 = \frac{1}{2}(K_u^2 + K_d^2)$。

二、棱柱体明渠水面曲线计算问题及步骤

（一）棱柱体明渠水面曲线计算的问题

棱柱体明渠水面曲线的计算，常见的有两类问题，即：

问题 1　已知水面曲线的首端水深 $h_{首}$（或末端水深 $h_{末}$）和非均匀流渠段长度 l，要求：绘制水面曲线并求末端水深 $h_{末}$（或首端水深 $h_{首}$）；

问题 2　已知水面曲线的首端水深 $h_{首}$ 和末端水深 $h_{末}$，要求：绘制水面曲线并求非均匀流渠段长度 l。

对于充分长的正坡棱柱体明渠，在确定水面曲线两端的水深时，当非均匀流水深 $h > h_0$ 且以 $N—N$ 线为渐近线时，取 $h = 1.01h_0$ 作为一端已知水深（$h_{首}$ 或 $h_{末}$）；当 $h < h_0$ 且以 $N—N$ 线为渐近线时，取 $h = 0.99h_0$ 作为一端已知水深（$h_{首}$ 或 $h_{末}$）。

（二）棱柱体明渠水面曲线的计算步骤

运用分段求和法进行水面曲线计算的步骤如下：

（1）判别水面曲线的类型。如对 $i > 0$ 的正坡明渠，先分别求出相应于已知流量及断面形状、尺寸的 h_0 和 h_c，然后比较 h_0 和 h_c 的大小，确定底坡的类型，再根据 h_0、h_c 和已知的实际水深（$h_{首}$ 或 $h_{末}$）之间的相对大小，即可判别水面曲线的类型。

（2）水面曲线计算：

对问题 1：根据水面曲线的变化趋势，在计算段上取 n 个断面，h_1〔即 $h_{首}$（或 $h_{末}$）〕，h_2、h_3、$\cdots$、h_n 为各断面的相应水深，在 h_1 后设一系列水深 h_2、h_3、$\cdots$、h_n，应用式（4-35）并列表分别计算出各相应的 Δl_1、Δl_2、Δl_3、$\cdots$、Δl_{n-1}，然后求 $l' = \sum_{i=1}^{n-1} \Delta l_i$，并与已知的 l 比较，直到满足 $l' \geqslant l$。当 $l' = l$ 时，h_n 即为所求水面曲线的另一端

水深 $h_{末}$（或 $h_{首}$）；当 $l'>l$ 时，可根据计算结果采用内插法求得另一端水深 $h_{末}$（或 $h_{首}$）。设所求非均匀流水面曲线另一端水深为 $h_{端}$，内插法可用下述公式表示，即

$$h_{端}=h_n-\frac{l'-l}{l'-l''}(h_n-h_{n-1}) \qquad (4-39)$$

式中 $l''=\sum_{i=1}^{n-2}\Delta l_i$。

对问题 2：根据水面曲线的变化趋势以及非均匀流水面曲线两端的已知水深 $h_{首}$ 和 $h_{末}$，在计算段上取 n 个断面，于两已知水深 h_1（即 $h_{首}$）与 h_n（即 $h_{末}$）之间设一系列水深 h_2、h_3、$\cdots$、h_{n-1}，应用式（4-35）并列表分别计算出 Δl_1、Δl_2、Δl_3、$\cdots$、Δl_{n-2}，然后通过试算求出 Δl_{n-1}，最后由 $l'=\sum_{i=1}^{n-1}\Delta l_i$ 求出非均匀流的渠段长度。

（3）绘制水面曲线。根据水面曲线计算表中，各断面的水深以及相应的渠段长度，选取一定的纵横比例，然后进行渠道水面曲线的绘制。

三、棱柱体明渠水面曲线计算举例

【例 4-12】 梯形断面棱柱体明渠，如图 4-21 所示。已知底宽 $b=20\text{m}$，边坡系数 $m=2.5$，渠道底坡 $i=0.0001$，渠道长度 $l=41000\text{m}$，糙率 $n=0.0225$，当渠道通过流量 $Q=160\text{m}^3/\text{s}$ 时，闸前水深 $h=6.0\text{m}$，试绘制渠道的水面曲线并计算渠首水深 $h_{首}$。

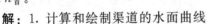

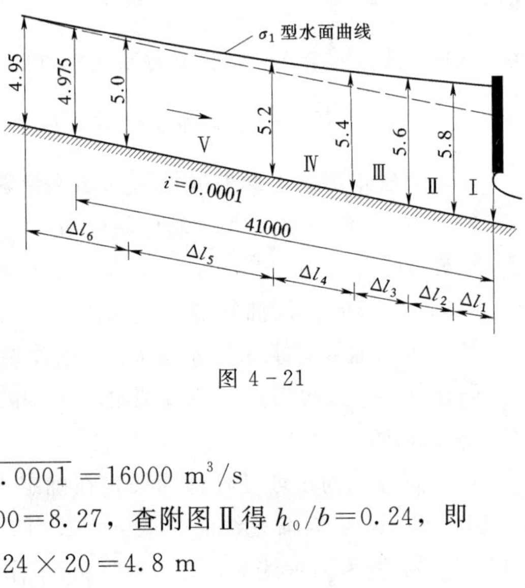

图 4-21

解：1. 计算和绘制渠道的水面曲线

（1）判别水面曲线的类型：

1）计算正常水深 h_0：

$$K=Q/\sqrt{i}=160/\sqrt{0.0001}=16000\ \text{m}^3/\text{s}$$

由 $m=2.5$ 及 $b^{2.67}/nK=20^{2.67}/0.0225\times16000=8.27$，查附图 II 得 $h_0/b=0.24$，即

$$h_0=0.24b=0.24\times20=4.8\ \text{m}$$

2）计算临界水深 h_c：

$$\frac{\alpha}{g}\left(\frac{Q}{b}\right)^2\left(\frac{m}{b}\right)^3=\frac{1}{9.8}\times\left(\frac{160}{20}\right)^2\left(\frac{2.5}{20}\right)^3=0.0126$$

由附图 III 查得 $\frac{m}{b}h_c=0.216$，得到

$$h_c=0.216\ \frac{b}{m}=0.216\times\frac{20}{2.5}=1.73\ \text{m}$$

因 $h_0>h_c$，故渠道底坡为缓坡。又因为闸前水深 $h=6.0\text{m}$，符合 $h>h_0>h_c$，可见渠道中应发生 M_1 型壅水曲线。

（2）水面曲线计算。本题属于已知末端水深 $h_{末}$（即闸前水深 $h=6.0\text{m}$）和非均匀流渠段长度 $l=41000\text{m}$，要求：绘制水面曲线并求首端水深 $h_{首}$ 问题（问题 1）。

以已知水深 $h_{末}=6\text{m}$ 的闸前断面水深作为控制水深，由此逐渐向上游推算，即可求

得各相应流段的长度 Δl。现按分段求和法的基本公式（4-35），将水面曲线的计算方法和结果列于表4-9。

表 4-9　　　　　　　　　　　　分段求和法水面曲线计算表

断面号	h (m)	A (m²)	χ (m)	R (m)	v (m/s)	$\dfrac{\alpha v^2}{2g}$ (m)	E_s (m)	ΔE_s (m)	J (×10⁻³)	$\overline{J}$ (×10⁻³)	$i-\overline{J}$ (×10⁻³)	Δl (m)	l' (m)
1—1	6.00	210.0	52.30	4.01	0.762	0.030	6.0296		0.04606				
2—2	5.80	200.1	51.20	3.90	0.800	0.033	5.8326	0.1970	0.05263	0.04934	0.05066	3888.7	3888.7
3—3	5.60	190.5	49.90	3.82	0.840	0.036	5.6360	0.1966	0.06037	0.05650	0.04350	4519.5	8408.2
4—4	5.40	181.0	49.10	3.68	0.884	0.040	5.4399	0.1961	0.06956	0.06496	0.03504	5596.5	14004.7
5—5	5.20	171.6	48.00	3.57	0.932	0.044	5.2444	0.1955	0.08052	0.07503	0.02497	7829.4	21834.1
6—6	5.00	162.5	46.90	3.46	0.984	0.049	5.0495	0.1949	0.09368	0.08710	0.01290	15108.5	36942.6
7—7	4.95	160.4	46.65	3.44	0.997	0.051	5.0012	0.0483	0.09728	0.09548	0.00452	10685.8	47628.4

注　表中 $E_s=h+\dfrac{\alpha v^2}{2g}$，$\Delta E_s=E_{sd}-E_{su}$，$\overline{J}=\dfrac{1}{2}(J_u+J_d)$，$J=(nQ/AR^{2/3})^2$，$\Delta l=\dfrac{\Delta E_s}{i-\overline{J}}$，$l'=\sum\Delta l$。

根据表中的计算结果，绘制水面曲线如图4-21所示。

2. 计算首端水深 $h_{首}$

由表4-9的计算结果知 $n=7$，且 $l'=\sum\limits_{i=1}^{6}\Delta l_i=45750\text{m}$，$l''=\sum\limits_{i=1}^{5}\Delta l_i=36150\text{m}$，渠段长度 $l=41000\text{m}$，$l'>l$，用内插法求首端水深，由公式（4-34）得

$$h_{首}=h_n-\frac{l'-l}{l'-l''}(h_n-h_{n-1})$$

$$=4.95-\frac{47628.4-41000}{47628.4-36942.6}\times(4.95-5.00)$$

$$=4.98\text{ m}$$

【例4-13】　某矩形断面棱柱体明渠。已知渠道底宽 $b=8\text{m}$，糙率0.014，底坡 $i=1/1000$，设计流量 $Q=30\text{m}^3/\text{s}$，渠道末端接陡槽。要求：①确定陡槽前渠道的非均匀流段长度 l 并绘制水面曲线；②若渠道的不被冲刷允许流速 $v'=2.5\text{m/s}$，确定陡槽前渠道的防冲加固段长度 l'。

解：1. 确定非均匀流段长度 l 并绘制水面曲线

（1）判别水面曲线的类型：

1）计算正常水深 h_0：

$$K=Q/\sqrt{i}=30/\sqrt{1/1000}=948.7\text{ m}^3/\text{s}$$

由 $m=0$ 及 $b^{2.67}/nK=8^{2.67}/0.014\times948.7=19.4$，查附图Ⅱ得 $h_0/b=0.195$，故

$$h_0=0.195b=0.195\times8=1.56\text{ m}$$

2）计算临界水深 h_c：由式（4-16）

$$h_c=\sqrt[3]{\frac{q^2}{g}}=\sqrt[3]{\frac{Q^2}{gb^2}}=\sqrt[3]{\frac{30^2}{9.8\times8^2}}=1.128\text{ m}$$

因 $h_0 > h_c$，故陡槽前渠道为缓坡。水流由缓坡 $i = 1/1000 < i_c$ 过渡到陡槽 $i_1 > i_c$，渠道与陡槽交界断面处的水深必为临界水深 h_c。实际上，临界水深 h_c 就是缓坡渠道上的末端水深，且为该渠段上的最小水深，上游各断面非均匀流的实际水深 h 均满足 $h_0 > h > h_c$，故该渠道上发生 M_2 型降水曲线。

（2）水面曲线计算。因 M_2 型降水曲线的上端以 $N—N$ 线为渐近线，故可将 $h = 0.99 h_0 = 0.99 \times 1.56 = 1.54$ m 作为 M_2 型水面曲线的首端水深。显然，本题属于已知 $h_{首} = 1.54$ m 和 $h_{末} = h_c = 1.128$ m，要求：绘制水面曲线并求非均匀流渠段长度 l 的问题（问题 2）。因非均匀流为缓流，故取末端水深 $h_{末} = h_c = 1.128$ m 作为控制水深，向上游逐段推算，直至推算到 $h_{首} = 0.99 h_0 = 1.54$ m 为止。按分段求和法的基本公式（4-35），将计算的方法和结果列于表 4-10。

表 4-10　　　　　　　　　　　　　分段求和法水面曲线计算表

断面号	h (m)	A (m²)	χ (m)	R (m)	v (m/s)	$\dfrac{\alpha v^2}{2g}$ (m)	E_s (m)	$\lvert \Delta E_s \rvert$ (m)	C (m$^{0.5}$/s)	K^2 (m³/s)	$\overline{J}$ (×10⁻³)	$\lvert i - \overline{J} \rvert$ (×10⁻³)	Δl (m)	l' (m)
1-1	1.128	9.024	0.260	0.8795	3.324	0.564	1.692		69.92	350135				
								0.006			2.3295	1.3295	4.51	4.51
2-2	1.200	9.600	0.400	0.9230	3.125	0.498	1.698		70.48	422548				
								0.026			1.8740	0.8740	29.75	34.26
3-3	1.300	0.400	0.600	0.9811	2.885	0.442	1.724		71.20	537947				
								0.042			1.4880	0.4880	86.07	120.3
4-4	1.400	1.200	0.800	1.0370	2.679	0.366	1.766		71.86	671721				
								0.025			1.2699	0.2699	92.63	212.9
5-5	1.450	1.600	0.900	1.0640	2.586	0.341	1.791		72.17	745712				
								0.028			1.1459	0.1459	191.91	404.8
6-6	1.500	2.000	1.000	1.0910	2.500	0.319	1.819		72.47	825094				
								0.011			1.0697	0.0697	157.82	562.6
7-7	1.520	2.160	1.040	1.1010	2.467	0.310	1.830		72.58	857607				
								0.012			1.0288	0.0288	416.67	979.3
8-8	1.540	2.320	1.080	1.1120	2.435	0.302	1.842		72.70	892061				

注　表中 $E_s = h + \dfrac{\alpha v^2}{2g}$，$\Delta E_s = E_{sd} - E_{su}$，$\overline{J} = \dfrac{Q^2}{\overline{K}^2}$，$\overline{K}^2 = \dfrac{1}{2}(K_u^2 + K_d^2)$，$K = AC\sqrt{R}$，$\Delta l = \dfrac{\Delta E_s}{i - \overline{J}}$，$l' = \sum \Delta l$。

由表 4-10 中计算结果可知，非均匀流段长度 $l = l'_7 = \sum \Delta l = 979.36$ m。根据表中数据，绘制水面曲线如图 4-22。

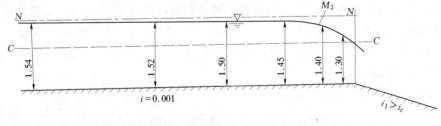

图 4-22

2. 确定陡槽前渠道的防冲加固段长度 l'

根据已知的渠道不被冲刷的允许流速 $v' = 2.5$ m/s，可求得渠道不被冲刷的最小允许水深为

$$h_{min} = \frac{Q}{v' b} = \frac{30}{2.5 \times 8} = 1.5 \text{ m}$$

当渠中非均匀流水深 $h < h_{min}$ 时，相应的渠中流速 $v > v'$，渠道需采取加固防护措施。由计算表 4-10 可知，陡槽前需进行防冲加固的渠段长度 $l' = l'_5 = 404.87\text{m}$。

习 题

4-1 试叙述明渠均匀流的特性及其产生条件各有哪些？

4-2 棱柱体明渠的底坡 i 与梯形断面渠道的边坡系数 m 的定义是否相同？它们各是怎样定义的？

4-3 两断面形状及尺寸均相同的棱柱体明渠，但底坡 $i_1 > i_2$。①若两渠道的流量相等，其正常水深是否相等？若不等，哪段大哪段小？②若两渠道的正常水深相等，其流量是否相等？若不等，哪段大哪段小？

4-4 某园艺场需苗木灌溉流量 $Q = 1.1\text{m}^3/\text{s}$，今拟建一条底坡 $i = 1/800$，底宽 $b = 2.0\text{m}$，边坡系数 $m = 2.5$，糙率 $n = 0.025$ 的梯形断面渠道，当渠中正常水深 $h_0 = 0.5\text{m}$ 时，该渠道能否满足灌溉用水要求？

4-5 已知某梯形断面渠道的底宽 $b = 3.0\text{m}$，正常水深 $h_0 = 2.2\text{m}$，边坡系数 $m = 1.5$，糙率 $n = 0.0225$，今测得每 100m 渠长的水面落差 $\Delta Z = 0.025\text{m}$，试求该渠道的流量模数及流量各为若干。

4-6 有一穿过砂质黏土地段的梯形断面明渠，糙率 $n = 0.025$，边坡系数 $m = 1.5$，底宽 $b = 7.0\text{m}$，底坡 $i = 1/3500$，设计流量 $Q = 9.50\text{m}^3/\text{s}$，已知渠中设计水面以上的堤顶超高 $\Delta h = 0.5\text{m}$，试设计渠堤高度。

4-7 一圆形断面无压隧洞，已知糙率 $n = 0.014$，洞径 $d = 2.0\text{m}$，试求：①当洞中正常水深 $h_0 = 1.0\text{m}$，流量 $Q = 5.5\text{m}^3/\text{s}$ 时，隧洞的底坡；②当洞中正常水深 $h_0 = 1.4\text{m}$ 时，洞中的流速及流量。

4-8 有一密实黏土梯形断面渠道，糙率 $n = 0.023$，边坡系数 $m = 2.0$，渠道底坡 $i = 0.0002$，正常水深 $h_0 = 2.67\text{m}$，设计流量 $Q = 50.0\text{m}^3/\text{s}$，试求渠道的底宽为若干。

4-9 某梯形断面土渠，已知糙率 $n = 0.0225$，底坡 $i = 1/4000$，边坡系数 $m = 1.0$，宽深比 $\beta = b/h_0 = 3.5$，设计流量 $Q = 11.0\text{m}^3/\text{s}$，试求该渠道的底宽及正常水深。

4-10 有一矩形断面渡槽，糙率 $n = 0.014$，槽宽 $b = 1.6\text{m}$，渡槽长度 $l = 120.0\text{m}$，当通过设计流量 $Q = 7.70\text{m}^3/\text{s}$ 时，槽中正常水深 $h_0 = 1.75\text{m}$，已知渡槽进口处的槽底高程 $\nabla_{进} = 82.26\text{m}$，试求渡槽的底坡及出口处的槽底高程。

4-11 一矩形断面渡槽，流量设计 $Q = 6.5\text{m}^3/\text{s}$，不淤允许流速 $v' = 1.2\text{m/s}$，糙率 $n = 0.018$，设计底坡 $i = 0.004$，取超高 $\Delta h = 0.3\text{m}$，试确定该渡槽的断面尺寸。

4-12 底坡、糙率及过水断面面积均一定的棱柱体矩形断面明渠，在①$b_1 = 6.0\text{m}$，$h_{01} = 3.0\text{m}$；②$b_2 = 9.0\text{m}$，$h_{02} = 2.0\text{m}$；③$b_3 = 5.0\text{m}$，$h_{03} = 3.6\text{m}$ 的三种断面设计方案中，哪一种方案的过流能力最大？为什么？

4-13 某傍山渠道的断面形状如题 4-13 图所示，靠山一侧的边坡系数 $m = 0.5$，另一侧为浆砌块石边墙，已知渠道底宽 $b = 2.0\text{m}$，糙率分别为 $n_1 = 0.0225$，$n_2 = 0.033$，水流为均匀流，试求当渠中正常水深 $h_0 = 1.2\text{m}$ 时渠道的流量。

4-14 有一天然河道的河床，其过水断面形状、水位及有关尺寸如题4-14图所示。若水流近似为均匀流，已知深槽的糙率 $n_1=0.03$，滩地的糙率 $n_2=0.04$，河底平均坡度 $i=0.004$，试确定河床的流量。

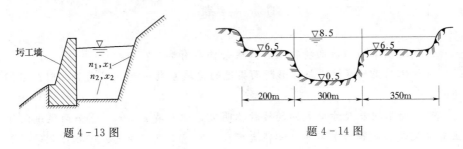

题4-13图　　　　　　　　　　　　　题4-14图

4-15 "因为渠道的底坡 $i<1/10000$ 比小底坡（$i<1/10$）还小得多，所以这种底坡一定是缓坡"，这种说法对吗？为什么？

4-16 某矩形断面渠道，已知渠宽 $b=2.4\text{m}$，渠中水深 $h=2.5\text{m}$，流量 $Q=15.0\text{m}^3/\text{s}$，试用波速法和弗劳德数法判别水流是缓流还是急流。

4-17 两条渠道的断面形状及尺寸均相同，通过的流量也相等，问：①底坡不等，其临界水深是否相等？为什么？②糙率不等，其临界水深是否相等？为什么？

4-18 某梯形断面明渠，流量 $Q=3.5\text{m}^3/\text{s}$，边坡系数 $m=2.0$，底宽 $b=2.0\text{m}$。今测得渠中某处水深 $h=0.43\text{m}$，试用波速法、弗劳德数法和临界水深法判别该处水流是缓流还是急流。

4-19 有一梯形断面明渠，通过的流量 $Q=13.5\text{m}^3/\text{s}$，边坡系数 $m=1.5$，糙率 $n=0.0225$，底宽 $b=6.2\text{m}$，底坡 $i=0.0005$，试判别该渠道的底坡是陡坡还是缓坡。

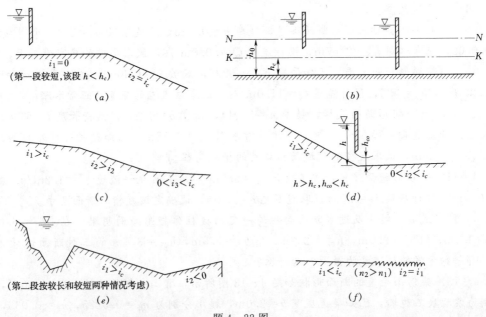

题4-22图

4-20 一矩形断面棱柱体平底明渠，已知流量 $Q=16.5\mathrm{m^3/s}$，渠道底宽 $b=8.0\mathrm{m}$，跃前水深 $h_1=0.6\mathrm{m}$，试求水跃的跃后水深 h_2、跃高 Δh 及跃长 l_j。

4-21 "缓坡上只能产生缓流；陡坡上只能产生急流；临界坡上只能产生临界流"，此说法对吗？为什么？若不对，则说明以上说法在什么情况下是对的？

4-22 定性绘制题 4-22 图所示的棱柱体渠道中可能出现的水面曲线，并标明曲线类型（各渠段均充分长）。

4-23 有一梯形断面排水渠道，通过的流量 $Q=500\mathrm{m^3/s}$，渠长 $l=3450\mathrm{m}$，底坡 $i=1/3000$，渠道底宽 $b=45\mathrm{m}$，边坡系数 $m=2.0$，糙率 $n=0.025$，渠道末端设平面控制闸门，闸前水深 $h_\text{末}=8.95\mathrm{m}$。试计算首端水深 $h_\text{首}$ 并绘制该渠段的水面曲线。

4-24 某水库的溢洪道为梯形断面棱柱体明槽，已知溢洪道的下泄流量 $Q=32\mathrm{m^3/s}$，槽底宽 $b=2.0\mathrm{m}$，边坡系数 $m=1.0$，糙率 $n=0.014$，底坡 $i=0.06$，溢洪道进口断面处的水深为临界水深，出口断面处的水深 $h_\text{末}=0.95\mathrm{m}$。求：①该溢洪道的长度 l；②绘制溢洪道的水面曲线。

第五章 泄水建筑物的过水能力

如何确定泄水建筑物的过流能力问题，是水力学所必须研究的一项十分重要的内容。解决这类问题，在水利工程实际中具有非常重要的意义。

本章所指的泄水建筑物主要包括孔口、管嘴、短管、长管、堰流和闸孔出流等。着重介绍这些建筑物水力计算的基本方法，对影响泄水建筑物过流能力的各类因素不作过多的分析和讨论。

第一节 孔口、管嘴出流

孔口与管嘴出流在实际工程中应用较多，如小型水库卧管放水、船闸充水（或放水）、喷灌、消防、水力施工以及流量量测等。下面就孔口与管嘴的过流能力问题分别予以介绍。

一、孔口出流及其类型

（一）孔口出流

水流从如图 5-1 所示的容器壁上孔口流出的现象叫做孔口出流。设孔口为圆形，孔径为 d，由于惯性的作用，水流在出口后发生收缩现象，在离孔口约 $d/2$ 处收缩完毕，流线成为平行直线，该过水断面称为收缩断面（图 5-1 中的 c—c 断面）。设收缩断面的面积为 A_c，孔口的面积为 A，两者之比 $\varepsilon = A_c/A$ 称为收缩系数。

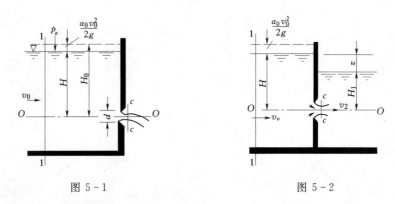

图 5-1 　　　　　　　　　　　　　图 5-2

（二）孔口出流的类型

1. 小孔口出流与大孔口出流

根据孔口直径 d 与容器孔口形心以上的水头 H 之比（d/H）的大小可将孔口出流分为大孔口出流和小孔口出流两种类型。

（1）小孔口出流。若当 $d/H \leqslant 0.1$ 时，称为小孔口出流。小孔口出流过水断面上各点的水头可近视认为均等于 H，各点的流速也可近视认为相等。

（2）大孔口出流。若当 $d/H>0.1$ 时，称为大孔口出流。大孔口出流过水断面上各点的水头有明显的差别，尤其是上、下缘水头的差值更大，各点的流速也不相等。

在水力学中，对于大孔口出流，我们主要讨论闸孔出流，关于这部分内容将在本章第三节专门予以介绍。

2. 完全收缩与不完全收缩

如图 5-3 所示，设孔口边缘距最近侧壁的距离为 l，根据 l 的大小，可将孔口出流分为完全收缩和不完全收缩两种类型。

（1）完全收缩。当同时满足 $l_1>0$、$l_2>0$ 时，称为完全收缩。

（2）不完全收缩。当 l_1、l_2 中有一个等于零或两个同时为零时，称为不完全收缩。

3. 完善收缩与不完善收缩

完全收缩又可分为完善收缩与不完善收缩两种形式。

（1）完善收缩。当同时满足 $l_1>3b_1$、$l_2>3b_2$ 时，称为完善收缩。

（2）不完善收缩。当同时满足 $l_1<3b_1$、$l_2<3b_2$ 或 l_1、l_2 中有一个小于相应孔口尺寸的 3 倍时，均称为不完善收缩。

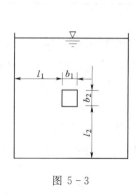

图 5-3

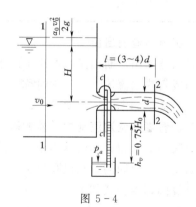

图 5-4

二、管嘴出流及其类型

（一）管嘴出流

当容器壁的厚度或在孔口上连接一段短管的长度为孔口尺寸的 3～4 倍时叫管嘴，如图 5-4 所示。液体经管嘴流出的现象则称为管嘴出流。

管嘴出流具有以下两个主要特征：

（1）管嘴长度较短，研究管嘴出流时，忽略沿程损失。

（2）在过水断面尺寸相同的条件下，管嘴出流的过流能力大于孔口出流的过流能力。这是因为收缩断面处水流脱离管壁，而收缩断面后的水流又全部与管壁相接触，水流在流动过程中将收缩端面处的气体带走，使得该断面处的气体压强小于大气压，即在该断面处产生了真空（真空高度约为 $0.75H_0$）。由于管内存在真空，加大了作用水头，从而增大了管嘴出流的过流能力。

（二）管嘴出流的类型

常见的管嘴出流有圆柱形外管嘴、圆柱形内管嘴、圆锥形收敛管嘴、圆锥形扩散管嘴和流线型管嘴等几种类型。孔口和各类管嘴的形式及主要系数见表 5-1。

表 5-1 　　　　　　　　　　　　　　孔口、管嘴出流主要系数表

孔口、管嘴类型	局部水头损失系数 ζ	收缩系数 $\varepsilon = A_c/A$	流速系数 $\varphi = 1/\sqrt{\alpha+\zeta}$	流量系数 $\mu = \varepsilon\varphi$
薄壁小孔口（圆形）	0.06	0.64	0.97～0.98	0.60～0.62
圆柱形外管嘴	0.5	1.0	0.82	0.82
圆柱形内管嘴（满流）	1.0	1.0	0.707	0.707
圆锥形收敛管嘴 ($\theta=13°24'$)	0.09	0.98	0.96	0.95
圆锥形扩散管嘴 ($\theta=5°～7°$)	4～3	1.0	0.45～0.50	0.45～0.50
流线型管嘴	0.04	1.0	0.98	0.98

	小孔口（圆形）	圆柱形外管嘴	圆柱形内管嘴	圆锥形收敛管嘴	圆锥形扩散管嘴	流线型管嘴
附图						

三、自由出流与淹没出流

根据孔口或管嘴出口断面是否低于下游水面，孔口或管嘴出流可分为自由出流和淹没出流。若孔口或管嘴水流流入大气中时称为自由出流；若孔口或管嘴在下游液面以下出流时，称为淹没出流。如图 5-1、图 5-2 分别表示孔口自由出流和孔口淹没出流的情形。

四、孔口、管嘴出流过流能力计算的基本公式

孔口和管嘴出流水力计算的基本公式，除有的系数取值不同以外，其它各项的意义以及公式的形式是完全相同的。现以孔口出流为例，运用恒定流的能量方程，导出孔口和管嘴出流水力计算的基本公式如下。

（一）自由出流的基本公式

对图 5-1 所示的孔口自由出流，容器（或水库）液面至孔口中心的高度为 H。以过孔口中心的水平面 0—0 为基准面，对上游断面 1—1 和下游收缩断面 c—c 列能量方程，有

$$H + \frac{\alpha_0 v_0^2}{2g} = \frac{\alpha_c v_c^2}{2g} + h_w$$

令孔口自由出流的全水头 $H_0 = H + \alpha_0 v_0^2/2g$，并取水头损失 $h_w \approx h_j = \zeta v_c^2/2g$，代入上式并整理，得收缩断面的流速为

$$v_c = \frac{1}{\sqrt{\alpha_c + \zeta}} \sqrt{2gH_0} = \varphi \sqrt{2gH_0} \qquad (5-1)$$

式中　φ ——流速系数。

实验可得，孔口出流的流速系数 $\varphi = 1/\sqrt{\alpha_c + \zeta} \approx 1/\sqrt{1+\zeta} \approx 0.97 \sim 0.98$。

因收缩系数 $\varepsilon = A_c/A$，则孔口自由出流的流量

$$Q = v_c A_c = \varepsilon \varphi A \sqrt{2gH_0}$$

令孔口出流的流量系数 $\mu = \varepsilon \varphi$，得

$$Q = \mu A \sqrt{2gH_0} \qquad (5-2)$$

若行近流速水头 $\alpha_0 v_0^2 / 2g$ 很小，可以忽略不计时，式（5-2）可表示为

$$Q = \mu A \sqrt{2gH} \qquad (5-3)$$

（二）淹没出流的基本公式

如图 5-2 所示的孔口淹没出流，进、出口容器（或水库）的水位差为 z。以过孔口中心的水平面 0—0 为基准面，对 1—1 和 2—2 断面列能量方程，有

$$H + \frac{\alpha_0 v_0^2}{2g} = H_1 + \frac{\alpha_2 v_2^2}{2g} + h_w$$

注意到 $Z = H - H_1$ 与孔口自由出流相类似，令孔口淹没出流的全水头 $Z_0 = Z + \alpha_0 v_0^2 / 2g$，取 $h_w \approx h_j = \zeta v_c^2 / 2g$，代入上式，经与孔口自由出流相类似的方法整理得到孔口淹没出流的流量为

$$Q = \mu A \sqrt{2gZ_0} \qquad (5-4)$$

同理，当行近流速水头 $\alpha_0 v_0^2 / 2g$ 可以忽略时，上式可写为

$$Q = \mu A \sqrt{2gZ} \qquad (5-5)$$

为便于记忆，将式（5-2）和式（5-4）统一用以下基本公式形式来描述，即

$$Q = \mu A \sqrt{2gS_0} \qquad (5-6)$$

式中 S_0——孔口或管嘴出流的全水头，$S_0 = S + \alpha_0 v_0^2 / 2g$，可表示为

$$S_0 = \begin{cases} H_0, \text{为自由出流；当} \dfrac{\alpha_0 v_0^2}{2g} \approx 0 \text{ 时，} H_0 \approx H \\[3mm] Z_0, \text{为淹没出流；当} \dfrac{\alpha_0 v_0^2}{2g} \approx 0 \text{ 时，} Z_0 \approx Z \end{cases}$$

孔口、管嘴出流的 ζ、ε、φ 及 μ 等主要系数，见表 5-1。

【例 5-1】 图 5-5 为四个设有直径 $d = 10\text{cm}$ 的圆形孔口的水箱，孔口或管嘴中心的水头 $H = 1.2\text{m}$，图（a）为孔口出流，图（b）、（c）、（d）为管嘴出流，已知三个管嘴的长度相等且 $l = 35\text{cm}$，圆锥形扩散管嘴的扩散角 $\theta = 5°$，不计行近流速水头的影响。试比较图中四种情况下的泄流量。

解：各种情况下的流量系数 μ 值可由表 5-1 查得，根据基本公式（5-6）$Q = \mu A \sqrt{2gS_0} = \mu A \sqrt{2gH}$ 分别计算如下：

（1）图（a）所示孔口出流的流量为

$$Q = 0.62 \times 0.785 \times 0.10^2 \times \sqrt{2 \times 9.80 \times 1.2}$$
$$= 0.0236 \text{ m}^3/\text{s}$$
$$= 23.6 \text{ L/s}$$

（2）图（b）所示圆柱形内管嘴出流的流量为

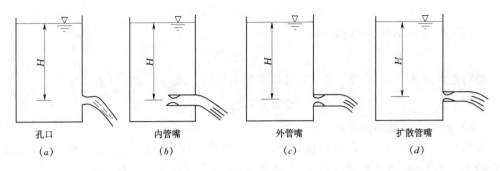

| 孔口 | 内管嘴 | 外管嘴 | 扩散管嘴 |
| (a) | (b) | (c) | (d) |

图 5 - 5

$$Q = 0.707 \times 0.785 \times 0.10^2 \times \sqrt{2 \times 9.80 \times 1.2}$$
$$= 0.0269 \ \text{m}^3/\text{s}$$
$$= 26.9 \ \text{L/s}$$

（3）图（c）所示圆柱形外管嘴出流的流量为

$$Q = 0.82 \times 0.785 \times 0.10^2 \times \sqrt{2 \times 9.80 \times 1.2}$$
$$= 0.0312 \ \text{m}^3/\text{s}$$
$$= 31.2 \ \text{L/s}$$

（4）图（d）所示圆锥形扩散管嘴出流的流量为

出口直径 $\quad D = d + 2L \text{tg} \dfrac{\theta}{2} = 0.10 + 2 \times 0.35 \times \text{tg} 2.5° = 0.131 \ \text{m}$

$$Q = 0.45 \times 0.785 \times 0.131^2 \times \sqrt{2 \times 9.80 \times 1.2}$$
$$= 0.0294 \ \text{m}^3/\text{s}$$
$$= 29.4 \ \text{L/s}$$

由以上的计算得 $Q_c > Q_d > Q_b > Q_a$。它表明，由于管嘴出流在收缩断面处产生了真空，导致该断面处压能减小而动能增大，从而使得管嘴出流比孔口出流的过流能力大。

第二节　压 力 管 道 恒 定 流

在实际工程中，压力管流一般多为恒定流。下面对恒定压力管流的水力计算问题进行简单介绍。

一、管道的分类

在水力学中，讨论压力管流的水力计算时，按局部水头损失与流速水头之和在沿程水头损失中所占比例的大小，将管道分为长管和短管；根据管道直径有无变化、有无分支或沿程有无流量分出与加入，将管道分为简单管道和复杂管道。

（一）长管与短管

（1）长管。管道中水流的沿程水头损失较大，而局部水头损失和流速水头较小，此两项之和只占沿程水头损失的 5% 以下，计算时可以忽略该两项的管道。

（2）短管。管道中局部水头损失与流速水头之和占沿程水头损失的 5% 以上，计算时该两项至少有一项不能忽略的管道。

显然，长管和短管并不是从管道的长短来区分的。计算中，在没有忽略局部水头损失及流速水头的充分依据时，应按短管进行计算。

（二）简单管道与复杂管道

（1）简单管道。管径沿程不变、无分支且沿程无流量分出或加入的管道。

（2）复杂管道。由两根以上的管道组成或沿程有流量分出或加入的管道。实际工程中常见的复杂管道有串联管道、并联管道、均匀泄流管道、枝状或环状管网等。

考虑到专业要求，本章只讨论简单短管和简单长管（以下简称为短管和长管）的水力计算问题。

二、短管的水力计算

（一）短管水力计算的基本公式

以图 5-6 所示的短管淹没出流为例，取 0—0 为基准面，对 1—1、2—2 断面列能量方程，导出同时适用于自由出流的短管水力计算的基本公式。由能量方程，有

$$S + \frac{\alpha_0 v_0^2}{2g} = \frac{\alpha_2 v_2^2}{2g} + h_f + \sum h_j \qquad (5-7)$$

令 $S_0 = S + \alpha_0 v_0^2/2g$，由连续性方程有 $v_2 = v\,(A/A_2)$，代入上式，得

$$S_0 = \left(\frac{A}{A_2}\right)^2 \frac{v^2}{2g} + \lambda \frac{l}{d} \frac{v^2}{2g} + \sum \zeta \frac{v^2}{2g}$$

则

$$v = \frac{1}{\sqrt{\left(\dfrac{A}{A_2}\right)^2 + \lambda \dfrac{l}{d} + \sum \zeta}} A \sqrt{2g S_0}$$

令 $\mu = 1 \Big/ \sqrt{(A/A_2)^2 + \lambda \dfrac{l}{d} + \sum \zeta}$，即得

$$Q = \mu A \sqrt{2g S_0} \qquad (5-8)$$

式中　μ——短管出流的流量系数；

A——管道过水断面面积；

A_2——下游断面面积；

S_0——短管的全水头，且 S_0 可表示为

$$S_0 = \begin{cases} H_0, & \text{为自由出流；当} \dfrac{\alpha_0 v_0^2}{2g} \approx 0 \text{ 时，} H_0 \approx H \\[3mm] Z_0, & \text{为淹没出流；当} \dfrac{\alpha_0 v_0^2}{2g} \approx 0 \text{ 时，} Z_0 \approx Z \end{cases}$$

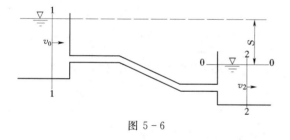

图 5-6

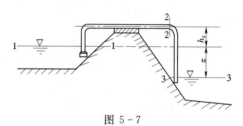

图 5-7

这里，H 为短管自由出流时上游水库水面至管道出口断面中心的高度；Z 为短管淹没出流时上下游水库的水位差。

式（5-8）即为短管水力计算的基本公式。

若其它条件已知，需求管径 d 时，由式（5-8）可得

$$d = \sqrt{\frac{4Q}{\mu\pi\sqrt{2gS_0}}}$$

因为上式中的流量系数 μ 与管径 d 有关，可采用迭代法求解。具体计算方法见例 5-3。

最后指出：① 上述局部水头损失系数之和 $\sum\zeta$ 中所含的出口局部水头损失系数 $\zeta_c = (1-A/A_2)^2$。当出口为自由出流时，$A=A_2$，$\zeta_c=0$；当出口淹没并流入水库时，因 $A_2 \gg A$，$A/A_2 \approx 0$，$\zeta_c \approx 1.0$。② 式（5-8）与式（5-6）比较，除流量系数不同外，公式的形式和其它符号的意义是完全类似的。

（二）短管水力计算举例

1. 虹吸管的水力计算举例

图 5-7 所示的短管为虹吸管，虹吸管的工作原理是：先对管内进行抽气，使管内形成一定的真空。在虹吸管进口处水面大气压强的作用下，管内管外形成一定的压强差，迫使水流由压强大的地方流向压强小的地方。为了保证虹吸管的正常工作，一般要求管内的真空高度不超过 6～8m 水柱。可见，虹吸管顶部的安装高度 h_s 受到了一定的限制。

虹吸管的水力计算任务主要是：①计算虹吸管的泄流量 Q；②确定虹吸管顶部的安装高度 h_s，或校核虹吸管的真空高度 h_v。

【例 5-2】 为了利用虹吸管从河道向渠道引水灌溉，安装虹吸管如图 5-7 所示。已知渠道的过水断面面积 $A_2 = 0.45\text{m}^2$；虹吸管为新铸铁管，总长 $l = 20\text{m}$，管道进口装有无底阀滤水网。沿程水头损失系数 $\lambda = 0.028$，管径 $d = 200\text{mm}$，进口至 2—2 断面的管长 $l_1 = 12\text{m}$，上、下游水位差 $z = 4\text{m}$，虹吸管顶部 2—2 断面前的最大允许真空高度 $h_{v\max} = 6.5\text{m}$，弯头局部水头损失系数 $\zeta_w = 0.3$，不计行近流速水头的影响。试计算：（1）该虹吸管的泄流量 Q；（2）虹吸管的最大安装高度 $h_{s\max}$。

解：1. 计算虹吸管的泄流量

该虹吸管为短管淹没出流，不计上游行近流速水头的影响，$S_0 = S = z = 4\text{m}$。查表 3-5 得无底阀滤水网的局部水头损失系数 $\zeta_d = 3.0$，出口的局部水头损失系数为

$$\zeta_c = (1-A/A_2)^2 = (1-0.785 \times 0.2^2/0.45)^2 = 0.865$$

流量系数为

$$\mu = \frac{1}{\sqrt{\left(\frac{A}{A_2}\right)^2 + \lambda\frac{l}{d} + \sum\zeta}}$$

$$= \frac{1}{\sqrt{\left(\frac{0.785 \times 0.2^2}{0.45}\right)^2 + 0.028\frac{20}{0.2} + 3.0 + 2\times0.3 + 0.865}}$$

$$= 0.371$$

由式（5-8），得

$$Q = \mu A\sqrt{2gz} = 0.371 \times 0.785 \times 0.2^2 \times \sqrt{2\times9.8\times4} = 0.103 \text{ m}^3/\text{s}$$

2. 计算虹吸管的最大安装高度

以上游水面为基准面，对 1—1、2—2 断面列能量方程式，有

$$0 + \frac{p_a}{\gamma} + 0 = h_s + \frac{p_2}{\gamma} + \frac{\alpha v_2^2}{2g} + h_w$$

得到

$$\frac{p_a}{\gamma} - \frac{p_2}{\gamma} = h_s + \frac{\alpha v_2^2}{2g} + \left(\lambda \frac{l}{d} + \sum \zeta \right) \frac{v_2^2}{2g}$$

因 2—2 断面的真空高度为 $h_v = \frac{p_a}{\gamma} - \frac{p_2}{\gamma}$，当 $h_v = h_{v max} = 6.5 \text{m}$ 时，取 $\alpha = 1.0$，得虹吸管得最大安装高度为

$$h_{s max} = h_{v max} - \left(\alpha + \lambda \frac{l_1}{d} + \sum \zeta \right) \frac{v_2^2}{2g}$$
$$= 6.5 - \left(1 + 0.028 \times \frac{12}{0.2} + 3.0 + 0.3 \right) \times \frac{1}{2 \times 9.8} \times \left(\frac{0.103}{0.785 \times 0.2^2} \right)^2$$
$$= 3.22 \text{ m}$$

2. 倒虹吸管的水力计算举例

实际工程中，当水流穿过公路或河道时，常采用如图 5-8 所示的管道与下游渠道相连，这种管道即称为倒虹吸管。

倒虹吸管水力计算的主要任务是：①已知设计流量 Q 及管径 d，确定倒虹吸管上下游的水位差 z；②已知倒虹吸管的设计流量

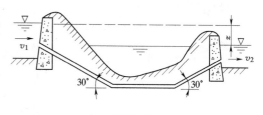

图 5-8

Q，根据地形条件确定倒虹吸管上下游的水位差 z，求倒虹吸管的管径 d；③已知倒虹吸管上下游的水位差 z 及管径 d，校核倒虹吸管可能通过的流量 Q。

【例 5-3】 某横穿河道的钢筋混凝土倒虹吸管，如图 5-8 所示。已知管长 $l = 50 \text{m}$，沿程水头损失系数 $\lambda = 0.025$，通过的流量 $Q = 3.0 \text{m}^3/\text{s}$，上、下游水位差 $z = 3.0 \text{m}$，管道折角 $\alpha = 30°$，不计上游渠道中流速水头的影响，且已知管道过水断面面积 A 与下游渠道过水断面面积 A_2 的比值 $A/A_2 = 0.1$，试确定该倒虹吸管的直径 d。

解： 因不计行近流速水头的影响，则式（5-8）中 $S_0 = z = 3.0 \text{m}$。

由表 3-5 查得各局部水头损失系数分别为：管道进口 $\zeta_j = 0.5$；$\alpha = 30°$ 的折角转弯 $\zeta_w = 0.2$；$A/A_2 = 0.1$ 时，管道出口 $\zeta_c = 0.81$ ［也可按 $\zeta_c = (1 - A/A_c)^2$ 计算 ζ_c］。

则流速系数

$$\mu = \frac{1}{\sqrt{\left(\frac{A}{A_2} \right)^2 + \lambda \frac{l}{d} + \sum \zeta}}$$
$$= \frac{1}{\sqrt{0.1^2 + 0.025 \times \frac{50}{d} + 0.5 + 2 \times 0.2 + 0.81}}$$
$$= \frac{1}{\sqrt{\frac{1.25}{d} + 1.72}}$$

由式（5-8）知

$$Q = \mu A \sqrt{2gS_0}$$

将已知的流量 Q 及上述的 μ、S_0 值代入上式，得

$$3 = \frac{1}{\sqrt{\dfrac{1.25}{d} + 1.72}} \times 0.785 d^2 \times \sqrt{2 \times 9.8 \times 3}$$

整理上式并化简得

$$d = \sqrt{0.4984 \times \sqrt{\dfrac{1.25}{d} + 1.72}}$$

上式即为求解管径 d 的迭代公式。

具体求解方法如下：

（1）设 $d = 1.0\text{m}$，代入上式右边，得 $d_1 = 0.927\text{m}$；

（2）将 $d = d_1 = 0.927\text{m}$，代入上式右边，得 $d_2 = 0.934\text{m}$。因 d_1 与 d_2 的值相差较大，需进一步迭代；

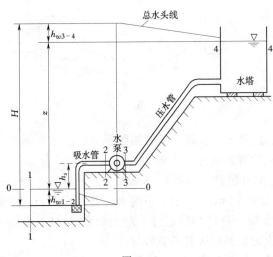

图 5-9

（3）再将 $d = d_2 = 0.934\text{m}$，代入上式右边，得 $d_3 = 0.9336\text{m}$。因 $d_2 \approx d_3$，故 $d = 0.9336\text{m}$ 即为所求管径，实际工程中采用 $d = 0.94\text{m}$。

3. 水泵装置的水力计算举例

水泵装置也称为抽水机，它由水泵、吸水管、压水管及管路上的附件所组成，如图 5-9 所示。水泵装置是实际工程中最常见的一种扬水设备。水流之所以能够由进水池经水泵流向出水池，主要是由于水泵叶轮的转动，使得在水泵的进口（2—2 断面）处形成负压，在出口（3—3 断面）处形成正压。进水池的水流在负压的作用下经吸水管吸入水泵；而在正压的作用下水流则由水泵沿压水管流向出水池。

水泵装置的水力计算任务主要有三项，现将其水力计算方法分述如下：

（1）选择管道直径 d。水泵装置吸水管和压水管直径的选择，通常采用"允许流速法"予以确定。即根据有关规范或水力计算手册，查得水泵装置吸水管及压水管的允许流速 v_y。一般吸水管的允许流速 $v_y = 1.2 \sim 2.0\text{m/s}$；压水管的允许流速 $v_y = 1.5 \sim 2.5\text{m/s}$。再由 $Q = v_y A = v_y \dfrac{\pi}{4} d^2$，得

$$d = \sqrt{\frac{4Q}{\pi v_y}} \qquad (5-9)$$

（2）计算水泵装置的安装高度 h_s。我们已经知道，水泵装置工作时，在水泵进口处必

须形成一定的真空。但如果水泵进口处的真空高度 h_v 超过水泵产品说明书中所规定的最大允许真空高度 $h_{v\max}$，水泵便不能正常工作，一般要求水泵最大允许真空高度 $h_{v\max}$ 不超过 $6\sim7\mathrm{m}$ 水柱。在计算水泵的安装高度 h_s 时，必须考虑最大允许真空高度 $h_{v\max}$ 的限制。

取基准面 0—0 如图 5-9 所示，对断面 1—1 和 2—2 列能量方程，经整理的得到水泵安装高度 h_s 的计算公式为

$$h_s \leqslant h_{s\max} = h_{v\max} - \left(\alpha_2 + \sum \lambda \frac{l}{d} + \sum \zeta\right)\frac{v_2^2}{2g} \tag{5-10}$$

式中　$h_{s\max}$——水泵装置的最大允许安装高度；

　　　　λ——吸水管的沿程水头损失系数；

　　　　l——吸水管段长度；

　　　　d——吸水管直径；

　　　　$\sum\zeta$——吸水管段局部水头损失系数之和。

（3）计算水泵装置的扬程。单位重量水体从水泵中所获得的外加机械能称为水泵的扬程，以 H 表示。在图 5-9 中，对断面 1—1 和 4—4 列能量方程，得扬程 H 的计算式为

$$H = Z + h_{w1-2} + h_{w3-4} \tag{5-11}$$

式中　Z——水泵的扬水高度（即进、出水池的水位差）；

　　　h_{w1-2}——吸水管段的水头损失；

　　　h_{w3-4}——压水管段的水头损失。

【例 5-4】　如图 5-9 所示的水泵装置，已知吸水管直径 $d_1 = 250\mathrm{mm}$，长度 $l_1 = 10\mathrm{m}$，沿程水头损失系数 $\lambda_1 = 0.024$；压水管直径 $d_2 = 200\mathrm{mm}$，长度 $l_2 = 200\mathrm{m}$，沿程水头损失系数 $\lambda_2 = 0.026$。吸水管进口底阀局部水头损失系数 $\zeta_d = 2.5$，90°弯头局部水头损失系数 $\zeta_w = 0.3$；压水管段局部损失系数之和 $\sum \zeta_{3-4} = 1.5$。抽水流量 $Q = 0.06\mathrm{m}^3/\mathrm{s}$，扬水高度 $z = 42\mathrm{m}$，若水泵的最大允许真空高度 $h_{v\max} = 5.0\mathrm{m}$。试计算：（1）水泵装置的安装高度 h_s；（2）水泵装置的扬程 H。

解：（1）计算水泵装置的安装高度 h_s

由式（5-10）得

$$h_s \leqslant h_{s\max} = h_{v\max} - \left(\alpha_2 + \lambda_1 \frac{l_1}{d_1} + \sum \zeta_{1-2}\right)\frac{v_2^2}{2g}$$

$$= 5.0 - \left(1 + 0.024 \times \frac{10}{0.25} + 2.5 + 0.3\right) \times \frac{1}{2 \times 9.8} \times \left(\frac{0.06}{0.785 \times 0.25^2}\right)^2$$

$$= 5.0 - 0.36$$

$$= 4.64 \ \mathrm{m}$$

即该水泵装置的安装高度应限制在 $h_s \leqslant h_{s\max} = 4.64\mathrm{m}$ 时，才能保证水泵正常工作。

（2）计算水泵装置的扬程 H

吸水管段的水头损失

$$h_{w1-2} = \left(0.024 \times \frac{10}{0.25} + 2.5 + 0.3\right) \times \frac{1}{2 \times 9.8} \times \left(\frac{0.06}{0.785 \times 0.25^2}\right)^2 = 0.29 \ \mathrm{m}$$

压水管段的水头损失

$$h_{w3-4} = \left(0.026 \times \frac{200}{0.2} + 1.5\right) \times \frac{1}{2 \times 9.8} \times \left(\frac{0.06}{0.785 \times 0.2^2}\right)^2 = 5.12 \text{ m}$$

由式（5-11）得水泵装置的扬程

$$H = Z + h_{w1-2} + h_{w3-4} = 42 + 0.29 + 5.12 = 47.41 \text{ m}$$

三、长管的水力计算

（一）长管水力计算的基本公式

长管的特点是局部水头损失和流速水头可以忽略不计。则能量方程式(5-7)可简化为

$$S = h_f$$

由谢才公式 $h_f = \dfrac{v^2 l}{C^2 R}$，代入上式得

$$S = \frac{v^2 l}{C^2 R} = \frac{Q^2 l}{C^2 A^2 R}$$

令 $K = CA\sqrt{R}$，则上式可写为

$$S = \frac{Q^2}{K^2} l \qquad\qquad (5-12)$$

式中　S——长管的作用水头，自由出流时 $S = H$，淹没出流时 $S = Z$；

　　　K——流量模数，它表示水力坡度 $J = 1$ 时的流量，其单位与流量的单位相同。

式（5-12）即为长管水力计算的基本公式。

流量模数 K 综合反映了管道断面形状、大小和粗糙程度等特性对过流能力的影响。当管道的糙率 n 一定时，圆管的流量模数 K 值为管道直径 d 的函数。对于铸铁管的流量模数 K 和相应的管径 d 可由表5-2查出。表中所列的管径为标准管径，当由流量模数 K 查取管径 d 时，管径 d 不能内插。

表5-2　　　　　铸铁管流量模数 $K = CA\sqrt{R}$ 数值表（按 $C = \dfrac{1}{n} R^{\frac{1}{6}}$ 计算）

直径 (mm)	K (L/s)			直径 (mm)	K (L/s)		
	清洁管 $(n=0.011)$	正常管 $(n=0.0125)$	污秽管 $(n=0.0143)$		清洁管 $(n=0.011)$	正常管 $(n=0.0125)$	污秽管 $(n=0.0143)$
50	9.624	8.460	7.403	350	1726	1517	1327
75	28.37	24.94	21.83	400	2464	2166	1895
100	61.11	53.72	47.01	450	3373	2965	2594
125	110.80	97.40	85.23	500	4467	3927	3436
150	180.20	158.40	138.60	600	7264	6386	5587
175	271.80	238.90	209.00	700	10960	9632	8428
200	388.00	341.00	298.50	750	13170	11580	10130
225	531.20	467.00	408.60	800	15640	13570	12030
250	703.50	618.50	541.20	900	21420	18830	16470
300	1144	1006	880.00	1000	28360	24930	21820

由于引用谢才公式的原因，式（5-12）只适用于在紊流水力粗糙区工作的管道。试验表明，当给水管道的断面平均流速 $v < 1.2$ m/s 时，管道可能在紊流水力过渡区工作，h_f 近视与断面平均流速 v 的1.8次方成正比，此时应对计算公式加以修正，引入修正系

数 $\beta=1/v^{0.2}$，由式（5-12）即得适用于长管在紊流水力过渡区时水力计算的基本公式为

$$S=\beta\frac{Q^2}{K^2}l \qquad (5-13)$$

对于钢管和铸铁管，其修正系数 β 值可参考表 5-3 选取。

（二）长管水力计算的任务

简单长管的水力计算任务主要有以下三种类型：

（1）已知管径 d、管长 l、作用水头 S（H 或 Z）及管道糙率 n，求流量 Q。

对于铸铁管可由表 5-2 查出 K 值后，代入式（5-12）求解；对于其它材料的管道，将上述已知条件，代入式（5-12）可得流量的计算公式为

$$Q=0.311\frac{d^{2.667}}{n}\sqrt{\frac{S}{l}} \qquad (5-14)$$

（2）已知管径 d、管长 l、管道糙率 n 及流量 Q，求作用水头 S（H 或 Z）。

对于铸铁管可由表 5-2 查出 K 值后，代入式（5-12）求解；对于其它材料的管道，由式（5-12）可得作用水头的计算公式为

$$S=10.3\frac{n^2Q^2l}{d^{5.333}} \qquad (5-15)$$

（3）已知流量 Q、作用水头 S（H 或 Z）、管长 l，求管径 d。

先由 $K=Q/\sqrt{S/l}$ 求出 K 值后，铸铁管可直接由表 5-2 查得相应的管径 d；对于其它材料的管道，由已求得的 K 值代入式（5-12）可得直径 d 的计算公式为

$$d=1.549(nK)^{0.375} \qquad (5-16)$$

显然，式（5-14）～式（5-16）对铸铁管也同样是适用的。但式（5-16）用于计算铸铁管管径时，还应根据其计算结果，参照表 5-2 选取标准管径。

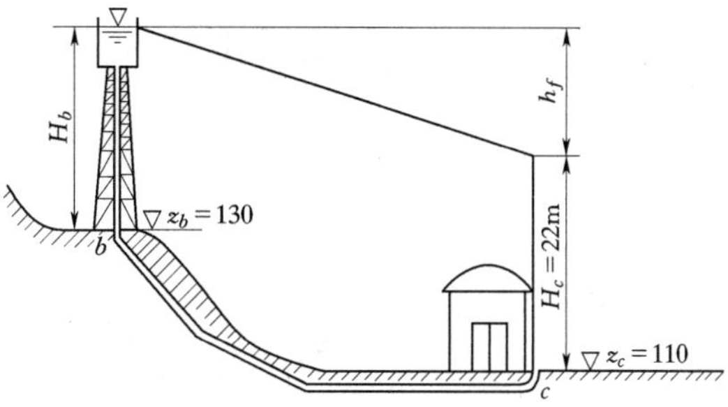

图 5-10

【例 5-5】 某工厂用一简单长管自水塔引水，管长 $l=3500\text{m}$，直径 $d=350\text{mm}$，管道为正常铸铁管，管线布置如图 5-10 所示。工厂所需供水水头 $H_c=22\text{m}$，流量为 $Q=0.085\text{m}^3/\text{s}$。试确定水塔的高度 H_b。

解： 管道中的断面平均流速

$$v=\frac{Q}{A}=\frac{0.085}{0.785\times0.35^2}=0.88\text{m/s}<1.2\text{m/s}$$

管道在过渡区工作，由表 5-3 查得修正系数 $\beta\approx1.04$；正常铸铁管当 $d=350\text{mm}$ 时，由表 5-2 查得相应的流量模数 $K=1.517\text{m}^3/\text{s}$，由式（5-13）得

$$S=\beta\frac{Q^2}{K^2}l=1.04\times\frac{0.085^2}{1.517^2}\times3500=11.43\text{ m}$$

因 $h_f=S=11.43\text{m}$，则由图 5-10 可得水塔的高度

$$H_b=H_c+h_f-(z_b-z_c)=22+11.43-(130-110)=13.43\text{ m}$$

表 5 - 3　　　　　　　　钢管及铸铁管修正系数 β 值表

v (m/s)	β	v (m/s)	β	v (m/s)	β	v (m/s)	β
0.20	1.41	0.45	1.175	0.70	1.085	1.00	1.03
0.25	1.33	0.50	1.15	0.75	1.07	1.10	1.015
0.30	1.28	0.55	1.13	0.80	1.06	1.20	1.00
0.35	1.24	0.60	1.115	0.85	1.05		
0.40	1.20	0.65	1.10	0.90	1.04		

第三节　堰流和闸孔出流

溢流坝和水闸是水利工程中最为常见的控制和调节建筑物。

水流受到溢流坝或两侧边墙束窄的阻碍，上游水位壅高，水流下泄时其溢流水面不受任何约束而具有连续的自由降落水面，这种水流称为堰流，如图 5 - 11 所示。

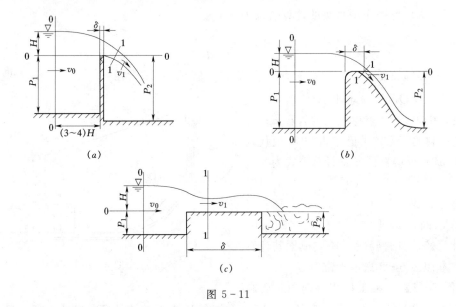

图 5 - 11

为了调节下泄流量，一般均在河渠上修建水闸。当水流受到闸门控制时，水流由闸门底缘和闸底板之间的孔口流出，过水断面受到闸孔尺寸的限制，水流的自由表面不连续，这种水流称为闸孔出流，如图 5 - 12 所示。

由于堰的溢流面及闸室长度均较短，堰流和闸孔出流具有与孔口和管嘴出流相同的特点，即在研究它们的水力计算时，均只考虑局部水头损失的影响，而不计沿程水头损失的影响。

一、堰流和闸孔出流的判别

由前述可见，堰流和闸孔出流主要区别在于闸门的存在是否影响过坝水流自由表面的连续性。显然，在一定的边界条件下，堰流和闸孔出流是可以相互转化的。试验表明：水流属于堰流还是闸孔出流，与闸门的开启高度 e 和堰上水头 H 的比值 e/H，以及闸底坎

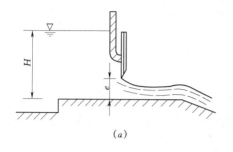 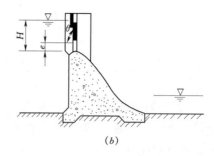

$$(a) \qquad\qquad\qquad (b)$$

图 5-12

的型式有关。其判别条件为：

(1) 当闸底坎为平顶坎时，如图 5-12 (a)：

$$\frac{e}{H} \leqslant 0.65，为闸孔出流；$$

$$\frac{e}{H} > 0.65，为堰流。$$

(2) 当闸底坎为曲线型坎时，如图 5-12 (b)：

$$\frac{e}{H} \leqslant 0.75，为闸孔出流；$$

$$\frac{e}{H} > 0.75，为堰流。$$

二、堰流的水力计算

（一）堰流的类型

1. 堰流的分类

根据堰顶厚度 δ 与堰上水头 H 的比值 δ/H，可将堰流分为三种类型：

(1) 当 $\delta/H < 0.67$ 时，称为薄壁堰流，如图 5-11 (a) 所示。

(2) 当 $0.67 < \delta/H < 2.5$ 时，称为实用堰流，如图 5-11 (b) 所示。

(3) 当 $2.5 < \delta/H < 10$ 时，称为宽顶堰流，如图 5-11 (d)。

2. 自由堰流与淹没堰流

若堰的下游水位不影响堰的过流能力称为自由堰流，否则称为淹没堰流。

3. 无侧收缩堰流与有侧收缩堰流

设堰的溢流宽度为 B，上游引水渠槽的来流宽度为 B_0。当 $B = B_0$ 时，称为无侧收缩堰流；当 $B < B_0$ 时，称为有侧收缩堰流。

（二）堰流水力计算的基本公式

如图 5-11 所示，以通过堰顶的水平面为基准面，对堰前断面 0—0 及堰顶断面 1—1 列能量方程，并注意到 1—1 断面并不是渐变流断面，其断面上的单位势能 $z + p/\gamma$ 只能用平均值 $\overline{(z + p/\gamma)}$ 代替，有

$$H + 0 + \frac{\alpha_0 v_0^2}{2g} = \overline{\left(z + \frac{p}{\gamma}\right)} + \frac{\alpha_1 v_1^2}{2g} + \zeta \frac{v_1^2}{2g}$$

令堰的全水头 $H_0 = H + \alpha_0 v_0^2 / 2g$，$\overline{(z + p/\gamma)} = \xi H_0$，则上式为

125

$$H_0 - \xi H_0 = (\alpha_1 + \zeta)\frac{v_1^2}{2g}$$

即得

$$v_1 = \frac{1}{\sqrt{\alpha_1 + \zeta}}\sqrt{2gH_0(1-\xi)}$$

1—1 断面为矩形断面，设堰的溢流宽度为 B，该断面处水深设为 h（水舌厚度），并用 $h = kH_0$ 表示，k 为反映堰顶水流的垂直收缩程度的系数。若令流速系数 $\varphi = 1/\sqrt{\alpha_1 + \zeta}$，则过堰流量为

$$Q = v_1 A_1 = \varphi\sqrt{2gH_0(1-\xi)}\,kH_0 B$$
$$= \varphi k\sqrt{1-\xi}\,B\sqrt{2g}\,H_0^{3/2}$$

令 $m = \varphi k\sqrt{1-\xi}$，即得到堰流水力计算的基本公式为

$$Q = mB\sqrt{2g}\,H_0^{3/2} \tag{5-17}$$

式中　m——堰的流量系数。

由以上推导可以看出，影响流量系数 m 大小的因素主要是 φ、k、ξ，而这些因素又主要取于边界的几何条件和堰的全水头 H_0。对于各种不同类型的堰，尽管水力计算的基本公式均可用式（5-17）表示，但由于各自边界的几何条件不同，其流量系数 m 是不同的。下面简单介绍各种堰的水力计算问题。

1. 薄壁堰的水力计算

薄壁堰往往作为一种量水设备，被广泛应用于水力学试验、水工模型试验以及灌溉用水管理工程中。根据堰顶过水断面的形状，薄壁堰可分为矩形薄壁堰、三角形薄壁堰和梯形薄壁堰等，如图 5-13 所示。矩形薄壁堰的水力计算公式可由式（5-17）表示，三角形薄壁堰和梯形薄壁堰的水力计算公式一般为经验公式。

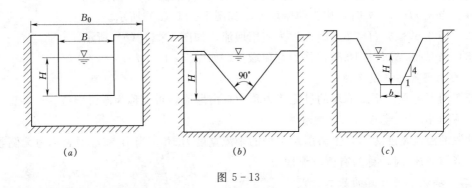

图 5-13

从实用考虑，对于薄壁堰，我们只讨论无侧收缩自由出流的情况。

（1）矩形薄壁堰。图 5-13（a）为矩形薄壁堰，要保证矩形薄壁堰正常稳定的工作，必须具有足够的堰上水头，保证水舌下面的空间不形成负压，如图 5-14（b）所示。否则将会无法形成水舌，产生如图 5-14（a）所示的贴壁附流现象。实验表明，要形成稳定的矩形薄壁堰流，一般要求堰上水头 $H > 2.5\text{cm}$，并使水舌下面充分通气。

在计算矩形薄壁堰的过流能力时，一般将行近流速对过流能力的影响包括在流量系数

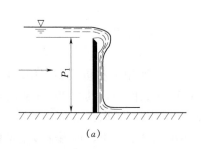 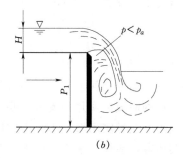

图 5-14

中，并用 m_0 表示矩形薄壁堰的流量系数。可见，对矩形薄壁堰式（5-17）可写为

$$Q = m_0 B \sqrt{2g} H^{3/2} \tag{5-18}$$

式中　m_0——包括行近流速影响在内的流量系数。其经验计算公式为

$$m_0 = \frac{2}{3}\left(0.605 + \frac{0.001}{H} + 0.08\frac{H}{P_1}\right) \tag{5-19}$$

式中　H——堰上水头；

　　　P_1——上游堰高。

上式的适用范围为：$H \geqslant 0.025\text{m}$，$H \leqslant 2P_1$，$P_1 \geqslant 0.3\text{m}$。

（2）三角形薄壁堰。三角形薄壁堰如图 5-13（b）所示。对于流量 $Q < 100\text{L/s}$ 时，用三角形薄壁堰进行流量量测，可以相对提高量测精度。当三角形薄壁堰的顶角 $\theta = 90°$ 且在自由出流的情况下，流量计算的经验公式为

$$Q = 1.4 H^{2.5} \tag{5-20}$$

式中　H——堰上水头。

上式适用于 $H \approx 0.05 \sim 0.25\text{m}$ 的情形，H 的单位以 m 计，用该式计算的流量为 m^3/s。

（3）梯形薄壁堰。在量测较大流量时，可用图 5-13（c）所示的梯形薄壁堰。设梯形堰口侧边与铅垂线的夹角为 θ，当满足 $\text{tg}\theta = 1/4$ 时，梯形薄壁堰在自由出流条件下流量计算的经验公式为

$$Q = 1.856 b H^{1.5} \tag{5-21}$$

式中　H——堰上水头；

　　　b——梯形堰口的底宽。

上式的适用条件为 $b \geqslant 3H$，H 及 b 的单位均以 m 计，所得的流量为 m^3/s。

【例 5-6】　某无侧收缩的矩形薄壁堰，已知堰上水头 $H = 20\text{cm}$，过堰流量 $Q = 84.7\text{L/s}$，上游堰高 $P_1 = 50\text{cm}$。若在自由出流的条件下，试求堰宽 B 为若干。

解：因满足：$H = 0.2\text{m} > 0.025\text{m}$，$H = 0.2\text{m} < 2P_1 = 2 \times 0.5 = 1.0\text{m}$，$P_1 = 0.5\text{m} > 0.3\text{m}$，故流量系数可用式（5-19）计算，即

$$m_0 = \frac{2}{3}\left(0.605 + \frac{0.001}{H} + 0.08\frac{H}{P_1}\right) = \frac{2}{3}\left(0.605 + \frac{0.001}{0.2} + 0.08\frac{0.2}{0.5}\right) = 0.428$$

由薄壁堰的水力计算公式（5-18）得堰宽为

$$B = \frac{Q}{m_0 \sqrt{2g} H^{3/2}} = \frac{0.0847}{0.428 \times \sqrt{2 \times 9.80} \times 0.2^{1.5}} = 0.5 \text{ m}$$

2. 实用堰的水力计算

根据实用堰剖面的几何形状，实用堰可分为曲线型实用堰和折线型实用堰两种类型。水利工程中常见的曲线型实用堰有克—奥剖面和 WES 剖面堰，其中 WES 剖面是我国近期多采用的一种曲线型实用堰；折线型实用堰则多以梯形实用堰为主。

曲线型实用堰，在设计水头情况下，若堰面不出现真空现象，称为非真空剖面堰。反之，称为真空剖面堰。真空剖面堰在溢流时水舌部分脱离堰面，脱离部分的空气不断地被下泄水流带走而造成真空现象。由于真空现象的存在，导致堰面真空区域压能减小，动能增加，加大了堰顶的有效作用水头，从而增大了堰的过流能力。但另一方面，真空现象可能使堰面遭受正负压力的交替作用，造成下泄水流不稳定和发生颤动。当真空达到一定程度时，还会发生气蚀，有可能对溢流堰面产生气蚀破坏。因此，实际工程中，真空剖面堰一般较少采用。下面主要介绍非真空 WES 剖面堰和梯形实用堰的水力计算问题。

考虑到淹没及侧收缩导致实用堰过流能力减小的影响，引入淹没系数 σ_s 和侧收缩系数 ε，σ_s 与 ε 均小于 1，则由式（5-17）得实用堰水力计算的基本公式为

$$Q = \sigma_s \varepsilon m B \sqrt{2g} H_0^{3/2} \tag{5-22}$$

（1）WES 剖面堰的水力计算。如图 5-15 所示，各类曲线型实用堰之间的主要区别在于其堰顶曲线 BC 段的形状不同。设堰的设计水头为 H_d，WES 剖面的堰顶曲线段可按图 5-16 所示关系确定。

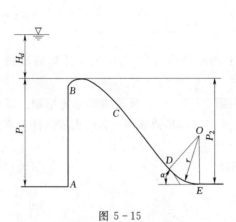

图 5-15

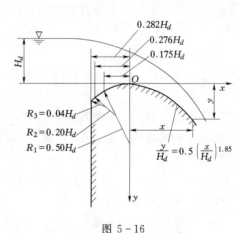

图 5-16

1）流量系数。对于上游垂直的 WES 剖面堰，当上游堰高 P_1 与堰上水头 H 的比值 $P_1/H_d \geqslant 1.33$ 称为高堰，因高堰的上游断面较大，行近流速较小，计算时可忽略行近流速水头对过流能力的影响，高堰的流量系数 m 与 H_0/H_d 有关，与 P_1/H_d 无关。当堰上水头 $H = H_d$ 时，流量系数 $m = m_d = 0.502$；当 $H \neq H_d$ 时，流量系数按下式计算：

$$m = 0.502 \frac{m}{m_d} \tag{5-23}$$

上式中 m/m_d 与 H_0/H_d 有关，其值可由图 5-17 中的曲线（a）查得。当 $P_1/H_d<$ 1.33 称为低堰，由于低堰上游过水断面较小，行近流速较大，计算时应考虑行近流速水头对过流能力的影响。低堰的流量系数与 H_0/H_d 及 P_1/H_d 有关，由式（5-23），计算流量系数时 m/m_d 可根据 H_0/H_d 由图 5-17 中的曲线（b）、（c）、（d）和（e）查得。

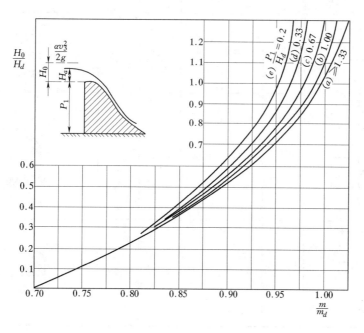

图 5-17

2）侧收缩系数。曲线型实用堰的侧收缩系数与闸墩及边墩的平面形状、堰上全水头 H_0、堰的溢流宽度 B 以及下游水位等因素有关，可按下面的经验公式计算：

$$\varepsilon=1-0.2[(n-1)\zeta_0+\zeta_k]\frac{H_0}{nb} \tag{5-24}$$

式中　b——溢流堰的单孔净宽；

　　　n——溢流孔数；

ζ_0、ζ_k——分别为闸墩及边墩的形状系数，可根据闸墩及边墩的平面形状由表 5-4 查得。

式（5-24）中，若 $H_0/b>1$，则按 $H_0/b=1$ 代替。

3）淹没条件及淹没系数：①实用堰的淹没条件：试验表明，当下游水位上升至某一高度后，对过堰水流起顶托作用，从而影响堰的过流能力，如图 5-18 所示。

关于实用堰的淹没条件，试验成果较多，各家说法也不一致，这里我们介绍一种简单的判别方法。

对于一般实用高堰，其淹没条件为

$$\frac{h_s}{H}\geqslant 0.05 \tag{5-25}$$

②实用堰的淹没系数：实用堰的淹没系数 σ_s 可根据 h_s/H 由表 5-5 查得。

表 5-4　　　　　　　　　　　　　　　　闸墩及边墩形状系数

闸墩头形状 ＼ h_s/H_0	ζ_0					边墩平面形状	ζ_k
	≤0.75	0.80	0.85	0.90	0.95		
方头	0.80	0.86	0.92	0.98	1.00	直角	1.00
尖头 $\theta=90°$ ／ 半圆头 $r=\dfrac{d}{2}$	0.45	0.51	0.57	0.63	0.69	45° 斜角	0.70
尖圆头 $r=1.71d$ 1.21d	0.25	0.32	0.39	0.46	0.53	圆弧	0.40

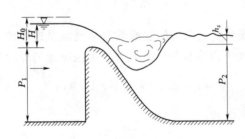

图 5-18

表 5-5　　　　　　　　　　　　　　　　实用堰淹没系数 σ_s 值

$\dfrac{h_s}{H}$	0.05	0.20	0.30	0.40	0.50	0.60	0.70	0.80	0.90	0.95	0.98	0.99	0.995	1.00
σ_s	0.998	0.985	0.972	0.957	0.935	0.906	0.856	0.776	0.621	0.470	0.274	0.170	0.10	0.00

（2）梯形实用堰的水力计算。梯形实用堰在因材施建的小型水利工程中最为多见，这种堰的侧收缩系数 ε 和淹没系数 σ_s 可近似按曲线型实用堰的方法来确定。梯形实用堰的流量系数 m 与 P_1/H、δ/H 以及上下游堰面的倾角 θ_1、θ_2 有关，其值可由表 5-6 查得。

表 5 - 6　　　　　　　　　　　梯形实用堰流量系数 *m* 值

$\dfrac{P_1}{H}$	堰上游面 $\operatorname{ctg}\theta_1$	堰下游面 $\operatorname{ctg}\theta_2$	m		
			$\dfrac{\delta}{H}<0.5$	$\dfrac{\delta}{H}=0.5-1.0$	$\dfrac{\delta}{H}=1.0-2.0$
2—5	0.5	0.5	0.43—0.42	0.40—0.38	0.36—0.35
	1.0	0	0.44	0.42	0.40
	2.0	0	0.43	0.41	0.39
2—3	0	1	0.42	0.40	0.38
	0	2	0.40	0.38	0.36
	3	0	0.42	0.40	0.38
	4	0	0.41	0.39	0.37
	5	0	0.40	0.38	0.36
1—2	10	0	0.38	0.36	0.35
	0	3	0.39	0.37	0.35
	0	5	0.37	0.35	0.34
	0	10	0.35	0.34	0.33
示意图					

计算实用堰的流量 Q 或已知流量求堰宽 B 时，应先判别属自由出流还是淹没出流、有侧收缩或是无侧收缩，在分别确定各有关系数后，再用式（5-22）计算。若流量为已知，需求水头 H 及上游堰高 P_1 时，由于无法首先判别出流情况，可先假定水流为自由出流，求出水头及堰高后，再对出流情况进行校核。

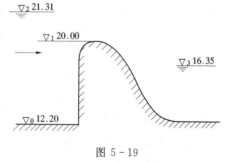

图 5-19

【**例 5-7**】　某单孔 WES 剖面溢流堰，已知上游河道的过水断面近似为矩形，河宽 $B_0=$ 100m，边墩采用圆弧形，上游设计水位 $\nabla_2=21.31\text{m}$，上下游堰高相等，其它已知数据如图 5-19 所示。试求当通过设计流量 $Q=200\text{m}^3/\text{s}$ 时所需的溢流堰宽为若干。

解：因上游堰高 P_1 与堰上设计水头 H_d 的比值

$$\frac{P_1}{H_d}=\frac{20-12.2}{21.31-20}=5.95>1.33$$

为高堰，故可不计行近流速水头 $\alpha_0 v_0^2/2g$ 的影响。即采用

$$H_0=H_d=21.31-20=1.31 \text{ m}$$

查表 5-4 得圆弧形边墩的形状系数 $\zeta_k=0.4$，因堰的孔数 $n=1$，故 $B=b$，由式（5-24）得侧收缩系数为

$$\varepsilon = 1 - 0.2\left[(n-1)\zeta_0 + \zeta_k\right]\frac{H_0}{nb} = 1 - 0.2\zeta_k\frac{H_0}{B}$$

$$= 1 - 0.2 \times 0.4 \times \frac{1.31}{b}$$

$$= 1 - \frac{0.105}{b}$$

由于 $\dfrac{h_s}{H_d} = \dfrac{16.35 - 20.00}{1.31} = -2.786$，得 $\dfrac{h_s}{H_d} < 0.05$，为自由出流，即 $\sigma_s = 1$。

因为 $H_0 = H_d$，故流量系数 $m \approx m_d = 0.502$。

已知溢流堰宽 $B = b$，流量 $Q = 200\text{m}^3/\text{s}$，由式（5-22），得

$$200 = \sigma_s \varepsilon m B\sqrt{2g}H_0^{3/2} = 1 \times \left(1 - \frac{0.105}{b}\right) \times 0.502 \times b\sqrt{2 \times 9.8} \times 1.31^{3/2}$$

或

$$200 = \left(1 - \frac{0.105}{b}\right) \times 3.33b = 3.33b - 0.35$$

解得溢流堰宽为

$$b = (200 + 0.35)/3.33 = 60.2 \text{ m}。$$

3. 宽顶堰的水力计算

宽顶堰的水力计算公式仍为式（5-22）。由于宽顶堰与实用堰最显著的区别是上游堰高的差异较大，而上游堰高的变化一般认为对水流的平面收缩影响较小，故宽顶堰的侧收缩系数的计算公式仍可由式（5-24）表示。

根据上游堰坎高 P_1 是否为零，宽顶堰可分为有坎宽顶堰和无坎宽顶堰两类。当坎高 $P_1 > 0$ 时为有坎宽顶堰；坎高 $P_1 = 0$ 时为无坎宽顶堰。

（1）有坎宽顶堰的水力计算：

1）流量系数。有坎宽顶堰的流量系数 m 与堰顶的进口形式及相对堰高 P_1/H 有关。现将几种常见有坎宽顶堰流量系数计算的经验公式分述如下：

① 直角进口，如图 5-20 (a)：

$$m = \begin{cases} 0.32 + 0.01\dfrac{3 - P_1/H}{0.46 + 0.75P_1/H} & (0 \leqslant P_1/H < 3) \\ 0.32 & (P_1/H \geqslant 3) \end{cases} \tag{5-26}$$

② 圆角进口，如图 5-20 (b)：

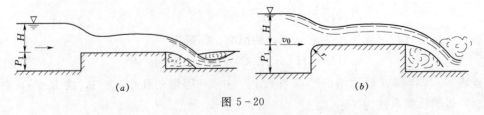

(a) (b)

图 5-20

$$m = \begin{cases} 0.36 + 0.01 \dfrac{3 - P_1/H}{1.2 + 1.5 P_1/H} & (0 \leqslant P_1/H < 3) \\ 0.36 & (P_1/H \geqslant 3) \end{cases} \tag{5-27}$$

由以上公式可见：对直角进口宽顶堰的流量系数 $m = 0.32 \sim 0.385$；对圆角进口宽顶堰的流量系数 $m = 0.36 \sim 0.385$。

2）淹没条件及淹没系数：①宽顶堰的淹没条件：试验表明，当宽顶堰的堰顶收缩断面的水深 h_{co} 小于临界水深 h_c 时，无论下游水位是否高于堰顶，均为自由出流，如图 5-21 （a）所示；当宽顶堰的下游水位上升致使堰顶收缩断面的水深 h_{co} 大于临界水深 h_c 时，为淹没出流，如图 5-21 （b）所示。若下游水位在堰顶以上的超高为 h_s，则宽顶堰

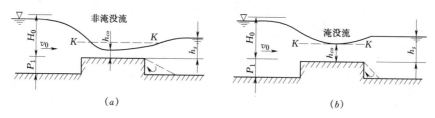

(a)   (b)

图 5-21

淹没出流的条件为

$$\frac{h_s}{H_0} > 0.8 \tag{5-28}$$

② 宽顶堰淹没系数：宽顶堰的淹没系数 σ_s 随 h_s/H_0 的增大而减小，根据 h_s/H_0 的大小，其值可由表 5-7 查得。

表 5-7　　　　　　　　宽顶堰淹没系数 σ_s 值

$\dfrac{h_s}{H_0}$	0.81	0.82	0.83	0.84	0.85	0.86	0.87	0.88	0.89	0.90	0.91	0.92	0.93	0.94	0.95	0.96	0.97	0.98
σ_s	0.995	0.99	0.98	0.97	0.96	0.95	0.93	0.90	0.87	0.84	0.81	0.78	0.74	0.70	0.65	0.59	0.50	0.40

（2）无坎宽顶堰的水力计算。如图 5-22 所示。尽管坎高 $P_1 = 0$，但由于闸室宽度 B 小于上游引渠宽度 B_0，水流产生侧收缩，而使得水流进入闸室后，出现与有坎宽顶堰堰顶水面降落相类似的水流现象。对于这种水流，当闸室沿水流方向的长度 δ 与闸前水头 H 的比值 δ/H 满足 $2.5 < \delta/H < 10$ 时，称为无坎宽顶堰。

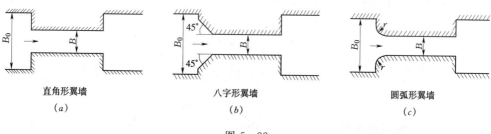

直角形翼墙　　　　　　八字形翼墙　　　　　　圆弧形翼墙
(a)　　　　　　　　　　(b)　　　　　　　　　　(c)

图 5-22

应该注意的是，运用式（5-22）进行无坎宽顶堰的水力计算时，设无坎宽顶堰的流量系数为 m'，由于 m' 实际上就是因为有侧向收缩形成的局部水头损失而产生的，也就是说，m' 已包括侧收缩影响在内，故不必计算 ε，而应取 $\varepsilon=1$。

由式（5-22）则得无坎宽顶堰的水力计算公式为

$$Q = \sigma_s m' B \sqrt{2g} \, H_0^{3/2} \qquad\qquad (5-29)$$

无坎宽顶堰的流量系数 m'，可参照图 5-22 所示的各类翼墙形式，查表 5-8 选取。

表 5-8 　　　　　　　　　　　无坎宽顶堰流量系数 m' 表

m' ＼翼墙形式　B/B_0	直角形翼墙 $\theta=90°$	八字形翼墙 $\theta=45°$	圆弧形翼墙 $r/B=0.3$
0.0	0.320	0.350	0.354
0.2	0.324	0.352	0.356
0.4	0.330	0.356	0.359
0.6	0.340	0.361	0.363
0.8	0.355	0.369	0.371
1.0	0.385	0.385	0.385

【例 5-8】　某单孔直角进口堰如图 5-23 所示。已知堰宽 $B=20.0\text{m}$，下游堰高与上游堰高相等，即 $P_2=P_1=1.5\text{m}$，堰顶水头 $H=2.5\text{m}$，堰顶厚度 $\delta=10.0\text{m}$，边墩头部为圆弧形，堰前行近流速 $v_0=0.5\text{m/s}$。试求当 h_s 分别为 0.15m 和 2.2m 时的泄流量。

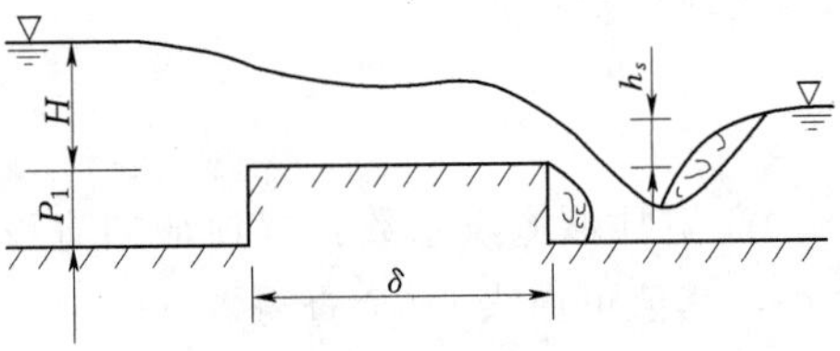

图 5-23

解：（1）判别堰型。因 $\delta/H=10.0/2.5=4>2.5$，为宽顶堰流。

（2）计算流量系数。因 $0<P_1/H=1.5/2.5=0.6<3$，由式（5-26）得

$$\begin{aligned}
m &= 0.32 + 0.01 \frac{3 - P_1/H}{0.46 + 0.75 P_1/H} \\
&= 0.32 + 0.01 \times \frac{3 - 1.5/2.5}{0.46 + 0.75 \times 1.5/2.5} \\
&= 0.346
\end{aligned}$$

（3）计算侧收缩系数。堰的全水头为

$$\begin{aligned}
H_0 &= H + \frac{\alpha_0 v_0^2}{2g} \\
&= 2.5 + \frac{1 \times 0.5^2}{2 \times 9.8} \\
&= 2.51 \text{ m}
\end{aligned}$$

由表 5-4 查得边墩为圆弧形时 $\zeta_k=0.4$，堰的孔数 $n=1$，即 $B=b=20.0\text{m}$。按式（5-24），有

$$\varepsilon = 1 - 0.2\left[(n-1)\zeta_0 + \zeta_k\right]\frac{H_0}{nb}$$

$$= 1 - 0.2 \times 0.4 \times \frac{2.51}{20.0}$$

$$= 0.99$$

（4）判别出流状态并计算流量。当 $h_s = 0.15\text{m}$ 时，$h_s/H_0 = 0.15/2.51 = 0.06 < 0.8$，为自由出流，$\sigma_s = 1$，按堰流的基本公式（5-22），得

$$Q = \sigma_s \varepsilon m B \sqrt{2g} H_0^{3/2}$$

$$= 1 \times 0.99 \times 0.346 \times 20 \times \sqrt{2 \times 9.8} \times 2.51^{3/2}$$

$$= 120.61 \text{ m}^3/\text{s}$$

当 $h_s = 2.2\text{m}$ 时，$h_s/H_0 = 2.2/2.51 = 0.876 > 0.8$，为淹没出流，查表 5-7 并内插，得 $\sigma_s = 0.912$，有

$$Q = \sigma_s \varepsilon m B \sqrt{2g} H_0^{3/2}$$

$$= 0.912 \times 0.99 \times 0.346 \times 20 \times \sqrt{2 \times 9.8} \times 2.51^{3/2}$$

$$= 110 \text{ m}^3/\text{s}$$

三、闸孔出流的水力计算

（一）闸孔出流的类型

1. 闸孔出流的分类

在闸孔出流中，闸孔底坎有平顶坎和曲线堰型底坎两种，根据底坎形式和闸门形式的不同，闸孔出流可分为如下四种类型：

（1）平顶坎、平面闸门闸孔出流，如图 5-24（a）所示。

（2）平顶坎、弧形闸门闸孔出流，如图 5-24（b）所示。

（3）曲线底坎、平面闸门闸孔出流，如图 5-24（c）所示。

（4）曲线底坎、弧形闸门闸孔出流，如图 5-24（d）所示。

2. 闸孔自由出流与闸孔淹没出流

当闸孔的下游水位升高到影响闸孔的过流能力时称为闸孔淹没出流；否则称为闸孔自由出流。

应该指出，对于闸孔出流，由于其出流速度较大，故一般不单独考虑侧收缩影响。

（二）闸孔出流的水力计算公式

以图 5-24（a）所示的坎顶为基准面，对 0—0 和 c—c 断面列能量方程，有

$$H + \frac{\alpha_0 v_0^2}{2g} = h_{co} + \frac{\alpha_c v_{co}^2}{2g} + h_w$$

取闸孔的全水头 $H_0 = H + \frac{\alpha_0 v_0^2}{2g}$，水头损失 $h_w \approx h_j = \zeta \frac{v_{co}^2}{2g}$，代入上式，得

$$v_{co} = \frac{1}{\sqrt{\alpha_c + \zeta}}\sqrt{2g(H_0 - h_{co})}$$

令 $\varphi = 1/\sqrt{\alpha_c + \zeta}$，则

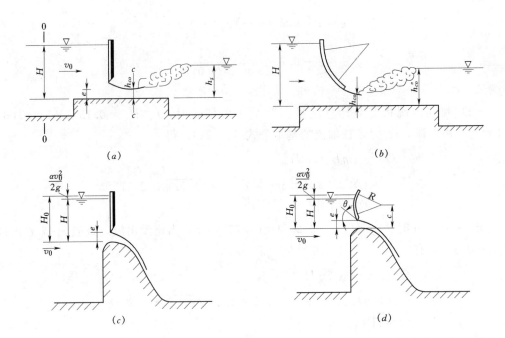

图 5-24

$$v_{co} = \varphi \sqrt{2g(H_0 - h_{co})} \tag{5-30}$$

由 $Q = v_{co} A_c = v_{co} B h_{co}$，

$$Q = B h_{co} \varphi \sqrt{2g(H_0 - h_{co})}$$

令 $\varepsilon' = h_{co}/e$，即收缩断面水深 $h_{co} = \varepsilon' e$，代入上式得

$$Q = B e \varepsilon' \varphi \sqrt{2g(H_0 - h_{co})}$$

令 $\mu' = \varepsilon' \varphi$，则上式可写为

$$Q = \mu' B e \sqrt{2g(H_0 - h_{co})} \tag{5-31}$$

式中　e——闸门的开启度；

　　　B——闸孔的溢流宽度；

　　　μ'——闸孔出流的第一流量系数；

　　　φ——闸孔流速系数，φ 值可参考第六章
　　　　　表 6-1 选取；

　　　ε'——闸孔的垂直收缩系数，对于平面闸
　　　　　门，ε' 根据 e/H 的比值由表 5-9
　　　　　查取；对于弧形闸门 ε' 与闸门底缘
　　　　　切线与水平线的夹角 θ 有关。

闸门底缘切线与水平线的夹角 θ，可参考图
5-25 按 $\cos\theta = (C-e)/R$ 计算，ε' 由表 5-10
查取。

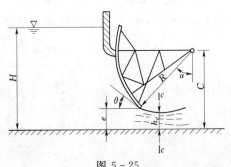

图 5-25

136

表 5 - 9   平面闸门垂直收缩系数 ε' 值

e/H	0.10	0.15	0.20	0.25	0.30	0.35	0.40	0.45	0.50	0.55	0.60	0.65	0.70	0.75
ε'	0.615	0.618	0.620	0.622	0.625	0.628	0.630	0.638	0.645	0.650	0.660	0.675	0.690	0.705

表 5 - 10   弧形闸门垂直收缩系数 ε' 值

$\theta\,(°)$	35	40	45	50	55	60	65	70	75	80	85	90
ε'	0.789	0.766	0.742	0.720	0.698	0.678	0.662	0.646	0.635	0.627	0.622	0.620

在流速系数 φ 和垂直收缩系数 ε' 能够确定的情况下，对于给定的上游水头 H 及闸门的开启度 e，即可运用式（5-31）计算闸孔的泄流量。

实际应用中，为了便于计算，通常将式（5-31）写成更为简单的形式，即

$$Q = \mu' Be\sqrt{2g(H_0 - h_{co})}$$
$$= \mu' Be\sqrt{2g(H_0 - \varepsilon' e)}$$
$$= \mu' Be\sqrt{2gH_0\left(1 - \varepsilon'\frac{e}{H_0}\right)}$$

令

$$\mu = \mu'\sqrt{1 - \varepsilon'\frac{e}{H_0}}$$

得到

$$Q = \mu Be\sqrt{2gH_0} \qquad\qquad (5-32)$$

式中 μ——闸孔出流的第二流量系数，以下简称为流量系数。

上式即为适用于各种类型闸孔出流水力计算的基本公式。

在本章第一节中已经提到，闸孔出流属于大孔口出流。若以闸孔的过水断面面积 $A = Be$，闸孔全水头 $H_0 = S_0$ 代入式（5-32），即可得到与式（5-6）及式（5-8）完全相同的形式。

考虑到淹没影响，引进闸孔淹没系数 σ_s，式（5-32）可表示为

$$Q = \sigma_s \mu Be\sqrt{2gH_0} \qquad\qquad (5-33)$$

（三）闸孔出流的水力计算

1. 平顶坎闸孔出流的水力计算

（1）平面闸门的流量系数。对于平顶坎底部为锐缘的平面闸门，流量系数可用以下经验公式计算：

$$\mu = 0.352 + \frac{0.264}{2.718^{e/H}} \qquad\qquad (5-34)$$

上式的适用条件为 $\dfrac{e}{H} = 0.05 \sim 0.68$。

（2）弧形闸门的流量系数。对于平顶坎弧形闸门，其流量系数可按下述经验公式进行计算：

当 $\cos\theta = 0 \sim 0.3$ 时

$$\mu = 0.6 - 0.176 \frac{e}{H} + \left(0.15 - 0.2 \frac{e}{H}\right) \cos\theta \qquad (5-35)$$

当 $\cos\theta = 0.3 \sim 0.7$ 时

$$\mu = 0.545 - 0.136 \frac{e}{H} + 0.334 \left(1 - \frac{e}{H}\right) \cos\theta \qquad (5-36)$$

以上两式中，θ 为弧形闸门底缘切线与水平线夹角。

（3）淹没条件及淹没系数：

1）淹没条件：从前面推导闸孔出流水力计算的基本公式的过程可以看出，对于平顶坎闸孔出流，如果下游河渠水深 h_t 的变化改变了闸孔下游收缩断面处的水深 h_{co}，则闸孔出流的过流能力就会受到影响。显然，当闸孔下游发生如图 5-26（a）和图 5-26（b）

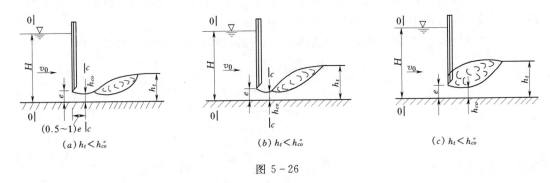

$(a)\ h_t < h''_{co}$ $(b)\ h_t < h''_{co}$ $(c)\ h_t < h''_{co}$

图 5-26

所示的远离水跃和临界水跃时，闸孔下游收缩断面处的水深 h_{co} 不会发生改变，闸孔出流为自由出流；若当闸孔下游发生图 5-26（c）所示的淹没水跃时，闸孔下游收缩断面处的水深 h_{co} 便会发生变化，此时的闸孔出流即为淹没出流。可见闸孔淹没出流的条件是：闸孔下游产生淹没水跃。即

$$h''_{co} < h_t \qquad (5-37)$$

判别闸孔出流是否为淹没出流，应先按 $h_{co} = \varepsilon' e$ 求出 h_{co}，并由 $v_{co} = \varphi \sqrt{2g\ (H_0 - h_{co})}$ 及 $Fr_c = v_{co} / \sqrt{gh_{co}}$ 求得 v_{co} 和 Fr_c，最后根据

$$h''_{co} = \frac{h_{co}}{2} \left(\sqrt{1 + 8Fr_c^2} - 1\right) \qquad (5-38)$$

计算出相应的共轭水深 h''_{co}，再将 h''_{co} 与下游河渠水深 h_t 进行比较判别即可。

2）淹没系数：闸孔出流的淹没系数 σ_s 与比值 $\dfrac{h_t - h''_{co}}{H - h''_{co}}$ 有关，其值可由图 5-27 查得。

【例 5-9】 某泄洪闸底坎为直角进口的平顶堰，如图 5-28 所示。已知上游堰高 $P_1 = 1.0\mathrm{m}$，孔数 $n = 3$，单孔净宽 $b = 8.0\mathrm{m}$，堰上设有底部为锐缘的平面闸门控制流量，闸门的开启高度 $e = 2.0\mathrm{m}$，当已知图中 $h = 11.0\mathrm{m}$，$h'_t = 6.0\mathrm{m}$ 时，不计行近流速水头影响，试求其下泄流量。

解： 堰上水头

$$H = h - P_1 = 11.0 - 1.0 = 10.0 \text{ m}$$

因 $\dfrac{e}{H} = \dfrac{2.0}{10.0} = 0.2 < 0.65$，故为闸孔出流。

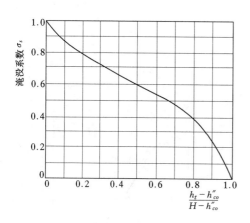

图 5 - 27

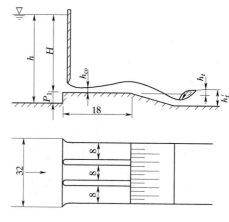

图 5 - 28

由 $e/H=0.2$，查表 5 - 9 得 $\varepsilon'=0.619$，即

$$h_{co}=\varepsilon'e=0.619\times2.0=1.24\ \text{m}$$

由于闸底板高于渠底且为平顶堰，查表 6 - 1 取流速系数 $\varphi=0.90$，不计行近流速水头影响，即 $H_0=H=10.0\text{m}$，式（5 - 30）得

$$v_{co}=\varphi\sqrt{2g(H_0-h_c)}=0.90\times\sqrt{2\times9.8\times(10-1.24)}=11.79\ \text{m/s}$$

$$Fr_c=\frac{v_{co}}{\sqrt{gh_{co}}}=\frac{11.79}{\sqrt{9.8\times1.24}}=3.38$$

由式（5 - 38）有

$$h''_{co}=\frac{h_c}{2}\left(\sqrt{1+8Fr_c^2}-1\right)=\frac{1.24}{2}\times\left(\sqrt{1+8\times3.38^2}-1\right)=5.34\ \text{m}$$

由于 $h_t=h'_t-P_1=6.0-1.0=5.0\text{m}<h''_{co}=5.34\text{m}$，故该闸孔为自由出流。

平面闸门底部为锐缘且 $0.05<e/H<0.68$，由式（5 - 34）得流量系数为

$$\mu=0.352+\frac{0.264}{2.718^{e/H}}=0.352+\frac{0.264}{2.718^{0.2}}=0.568$$

已知 $B=nb=3\times8.0=24.0\text{m}$，由式（5 - 32）得闸孔的下泄流量为

$$Q=\mu Be\sqrt{2gH_0}=0.568\times24.0\times2.0\times\sqrt{2\times9.80\times10.0}=381.7\ \text{m}^3/\text{s}$$

2. 曲线底坎闸孔出流的水力计算

（1）平面闸门的流量系数。试验表明，曲线底坎平面闸门的流量系数 μ 与闸门的相对开启度 e/H、曲线底坎的剖面形状、闸门底缘的外形以及闸门在坎顶的位置等因素有关。

曲线坎上不同底缘的平面闸门如图 5 - 29 所示，其流量系数公式为

$$\mu=0.65-0.186\frac{e}{H}+\left(0.25-0.375\frac{e}{H}\right)\cos\theta \tag{5 - 39}$$

式中 θ——闸门底缘切线与水平线的夹角。

上式适用于 $e/H=0.05\sim0.75$，$\theta=0°\sim90°$ 以及平面闸门位于坎顶最高点的情况。

（2）弧形闸门的流量系数。曲线底坎弧形闸门的流量系数可用以下经验公式计算：

$$\mu = 0.685 - 0.19\frac{e}{H} \qquad (5-40)$$

上式适用于 $e/H = 0.1 \sim 0.75$。

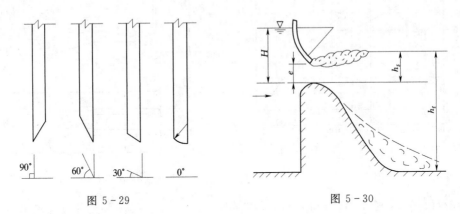

图 5-29   图 5-30

(3) 淹没条件及其过流能力计算:

1) 淹没条件: 当下游水位超过曲线底坎坎顶时,下游水位影响闸孔的泄流能力,如图 5-30 所示。即曲线底坎闸孔出流的淹没条件为

$$h_s > 0 \qquad (5-41)$$

2) 淹没出流过流能力的计算: 当曲线底坎闸孔出流为淹没出流时,其泄流量可近似用下式计算:

$$Q = \mu B e \sqrt{2g(H_0 - h_s)} \qquad (5-42)$$

式中　μ——曲线底坎闸孔自由出流的流量系数;

　　　h_s——下游水面超过坎顶的高度。

【例 5-10】　图 5-30 所示的曲线型实用堰式溢流坝,孔数 $n=7$,单孔净宽 $b=10\text{m}$,坝顶设有圆弧形闸门控制流量,已知弧形闸门的半径 $R=8.5\text{m}$,堰顶至闸门转轴的高度 $c=H$,闸门开启高度 $e=2.5\text{m}$,不计行近流速水头影响。当坝顶高程为 43.36m,水库水位为 50.00m,试求当下游水位分别为 40.00m 和 45.00m 时,通过该溢流坝的流量。

解: 闸前水头为

$$H = 50.00 - 43.36 = 6.64 \text{ m}$$

已知闸门的开启高度 $e=2.5\text{m}$,因 $\dfrac{e}{H} = \dfrac{2.5}{6.64} = 0.376 < 0.75$,故为闸孔出流。

由图 5-25,有

$$\cos\theta = \frac{c-e}{R} = \frac{6.64-2.5}{8.5} = 0.487$$

由式 (5-40) 得流量系数为

$$\mu = 0.685 - 0.19\frac{e}{H}$$

$$= 0.685 - 0.19 \times \frac{2.5}{6.64} = 0.613$$

140

当下游水位为 40.00m 时，下游水位低于坝顶，则过坝水流为闸孔自由出流。已知 $B=nb=7\times10=70$m，$H_0=H=6.64$m。由式（5-32）得通过该溢流坝的流量为

$$Q=\mu Be\sqrt{2gH_0}$$
$$=0.613\times70\times2.5\times\sqrt{2\times9.8\times6.64}$$
$$=1223.8 \text{ m}^3/\text{s}$$

当下游水位为 45.00m 时，下游水位高过坝顶，且 $h_s=45.00-43.36=1.64$m，此时过坝水流为闸孔淹没出流，由式（5-42）得

$$Q=\mu Be\sqrt{2g(H_0-h_s)}$$
$$=0.613\times70\times2.5\times\sqrt{2\times9.8\times(6.64-1.64)}$$
$$=1062 \text{ m}^3/\text{s}$$

习　　题

5-1　对于孔口出流，判断下列说法对否，为什么？

（1）完全收缩必为完善收缩。

（2）完善收缩必为完全收缩。

5-2　有一薄壁恒定水箱，如题 5-2 图所示，在水箱边壁开有一直径 $d=3.0$cm 的圆形小孔口。已水箱底部处的水深 $H=2.4$m，孔口中心距容器底部的高度 $h=20$cm，孔口的局部损失系数 $\zeta=0.06$，收缩系数 $\varepsilon=0.62$，不计行近流速水头的影响，试求孔口的泄流量。

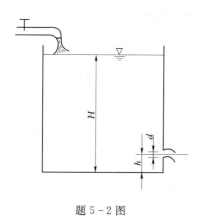
题 5-2 图

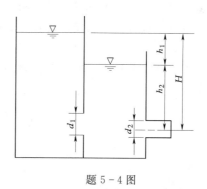
题 5-4 图

5-3　在上题的孔口上接一与孔口直径相等的圆柱形外管嘴，已知管嘴的局部水头损失系数 $\zeta=0.5$，其它条件相同，求外管嘴的泄流量。

5-4　如题 5-4 图所示的两水箱，隔板上开有一直径 $d_1=40$mm 的小孔口，右侧水箱的侧壁上装有一直径 $d_2=30$mm 的圆柱形外管嘴，已知泄流时 $H=3.5$m 保持不变，且不计水箱中行近流速水头的影响，取孔口的流量系数 $\mu=0.62$，管嘴的流量系数 $\mu=0.82$，问 h_1、h_2 和流量 Q 各为多少？

5-5   "只要边界条件相同，则简单短管自由出流与淹没出流的流量系数是相等的"，这种说法对吗？否则，说明在什么条件下两者的流量系数是相等的。

5-6   在题5-6图所示的混凝土坝中，设置一直径 $d=1.20$m 的圆形断面泄水底孔，底孔长度 $l=20$m，沿程水头损失系数 $\lambda=0.025$，设计下泄流量 $Q=12.5$m^3/s，不计水库行近流速水头的影响，求作用水头 H。

5-7   有一直径 $d=200$mm 的输水管，如题5-7图所示。已知 $l_1=50$m，$l_2=190$m，$l_3=60$m，转弯角 $\alpha_1=\alpha_2=45°$，糙率 $n=0.0125$，作用水头 $H=145$m，求管道的输水流量。

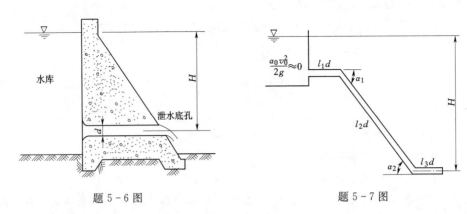

题5-6图   题5-7图

5-8   某虹吸管如题5-8图所示，上下游水位差 $z=6$m，进口至水平管段末端断面的长度 $l_1=100$m，水平管段末端断面至出口断面的长度 $l_2=60$m，水平管段末端断面的真空高度 $h_v=7$m，流量 $Q=50$L/s，安装高度 $h_s=4$m，管道的沿程水头损失系数 $\lambda=0.034$，进口底阀的局部水头损失系数 $\zeta_d=5.0$，不计两转折处的局部水头损失，忽略上、下游流速水头的影响，试求虹吸管的管径。

5-9   有一渠道与公路相交，用钢筋混凝土倒虹吸管穿过公路与下游水池相连接，如题5-9图所示，管长 $l=55$m，沿程水头损失系数 $\lambda=0.025$，管道两折角 $\alpha=30°$，通过的流量 $Q=3.5$m^3/s，上下游水位差 $z=3.2$m，不计上游渠道中流速水头的影响，且下游出口水池的过水断面面积 A_2 远远大于管道过水断面面积 A，求倒虹吸管的管径。

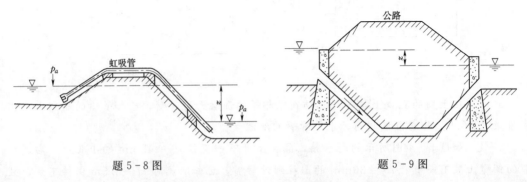

题5-8图   题5-9图

5-10   如题5-10图所示的抽水装置，用水泵将水自进水池抽至水塔。已知流量 $Q=60$L/s，吸水管长度 $l_1=25$m，直径 $d_1=250$mm，沿程损失系数 $\lambda_1=0.024$；压水管

长度 $l_2 = 150\text{m}$，直径 $d_2 = 200\text{mm}$，沿程水头损失系数 $\lambda_2 = 0.025$，局部水头损失系数 $\zeta_{\text{进口}} = 5.5$，$\zeta_{\text{弯}} = 0.4$，抽水机的扬水高度 $z = 38\text{m}$，水泵的最大允许真空高度 $h_v = 5.5\text{m}$，试求：①水泵的最大安装高度；②水泵的扬程。

5-11 某单位由一简单长管自水塔引水，如题 5-11 图所示。已知管径 $d = 200\text{mm}$，管长 $l = 1020\text{m}$，粗率 $n = 0.0125$，图中所注各处高程分别为 $\nabla_A = 105\text{m}$，$\nabla_B = 98\text{m}$，$\nabla_C = 100\text{m}$。试求：①C 处的流量；②若流量 $Q = 50\text{L/s}$，且管径不变时，求水塔水面离地面 C 处的高度；③当 $Q = 50\text{L/s}$，水塔高度不变时，求管道直径。

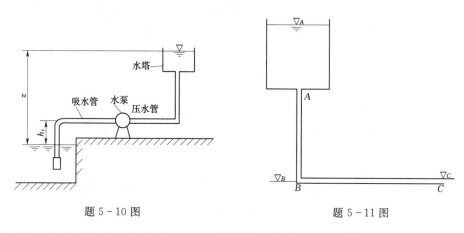

题 5-10 图　　　　　　　　　题 5-11 图

5-12 某水力学实验室有一矩形玻璃水槽，槽中设置一堰宽 $B = 50\text{cm}$ 的矩形薄壁堰，已知槽宽与堰宽相等，上游堰高 $P_1 = 40\text{cm}$，当水流为自由出流，堰上作用水头 $H = 20\text{cm}$ 时，求薄壁堰的流量。

5-13 有一单孔 WES 剖面实用堰，堰宽 $B = 43\text{m}$，上、下游堰高 $P_1 = P_2 = 12\text{m}$，边墩头部为半圆形，下游水深 $h_t = 8.2\text{m}$，设计水头 $H_d = 3.11\text{m}$，试求当堰顶水头 $H = 4\text{m}$ 时实用堰的流量。

5-14 一直角进口溢流堰，堰顶厚度 $\delta = 8\text{m}$，堰宽 $B = 20\text{m}$，上、下游堰高 $P_1 = P_2 = 1.2\text{m}$，堰顶水头 $H = 2\text{m}$，上游矩形断面引水渠宽度 $B_0 = 30\text{m}$，边墩头部为圆弧形。试求当下游堰顶水深 $h_s = 0.4\text{m}$ 和 $h_s = 1.9\text{m}$ 时的泄流量各为若干。

5-15 某折线型堰如题 5-15 图所示。已知 $\delta = 1.8\text{m}$，堰宽 $B = 20\text{m}$，堰顶水头 $H = 2.4\text{m}$，下泄流量 $Q = 132\text{m}^3/\text{s}$，不计侧收缩及行近流速水头的影响，且下游水位不影响堰的泄流能力，求堰的流量系数。

5-16 某矩形断面河床上建有一两孔引水闸，如题 5-16 图所示。已知引水闸单孔净宽 $b = 5\text{m}$，闸门为平面，闸门的开启高度 $e = 2\text{m}$，闸前坎上水头 $H = 8\text{m}$，不计闸前行近流速水头的影响。求当闸后坎顶水深 $h_t = 3.5\text{m}$ 和 $h_t = 5.5\text{m}$ 时的引水量。

5-17 其它条件不变，将上题中的平面闸门改为弧形闸门，试求：①在上题所论两种闸后坎顶水深情况下的引水量；②比较闸门改变前后引水量的大小，并说明流量变化的原因。

5-18 有一曲线型底坎单孔泄水闸，设平面闸门控制流量。闸孔宽 $b = 10\text{m}$，闸前坎顶水头 $H = 6.64\text{m}$，闸门开启高度 $e = 2.5\text{m}$，闸门上游面底缘切线与水平线夹角 $\theta = 0°$，

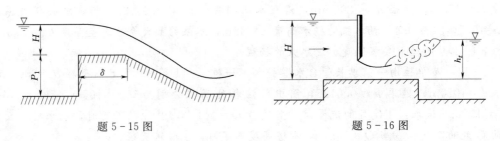

題 5-15 图   題 5-16 图

不计行近流速水头的影响。试求：①当下游水位低于坎顶时的泄流量；②当下游水位超过坎顶，且 $h_s=0.4$m 时的泄流量。

5-19 其它条件不变，将上题中的平面闸门改为弧形闸门，试求：①在上题所论两种下游水位的情况下的泄流量；②比较闸门改变前后下泄流量的大小，并说明流量变化的原因。

第六章　泄水建筑物下游水流
衔接与消能简介

当水流经堰、闸、跌坎或陡坡渠道等泄水建筑物下泄时，一般都具有较大的动能，如不采取有效的工程措施，进行消能防冲，使高速集中的水流与下游河槽的正常水流衔接起来，则势必因紧靠建筑物下游河槽的冲刷，而导致泄水建筑物的破坏。

本章主要对常见的下游水流衔接与消能防冲措施问题，作一简单介绍。

第一节　泄水建筑物下游水流衔接与消能措施

一、泄水建筑物下游水流衔接与消能的常见型式

水利工程中，泄水建筑物下游水流的衔接与消能方式很多，常见的有如下三种基本型式。

1. 底流式衔接与消能

在泄水建筑物下游采取有效的工程措施，在较短的距离内使水深急剧增加，速度动能迅速转变为势能，高速下泄的水流由急流迅速转变为缓流，以水跃的形式与下游河渠的水流衔接，如图6-1所示。这种衔接与消能形式，主要利用主流上部水跃的剧烈紊动进行消能，一般在水跃区内，可以消耗总机械能的 $40\% \sim 67\%$。由于其高速下泄的主流位于河渠底部，故称为底流式衔接与消能。

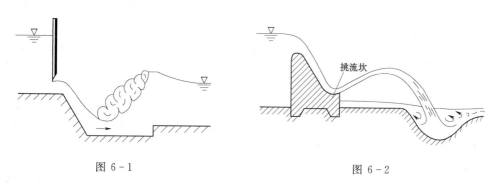

图 6-1

图 6-2

2. 挑流式衔接与消能

如图6-2所示的溢流坝，通过其坝面反弧段末端设置的挑流鼻坎，利用高速下泄水流的动能，将水流挑向空中，使之落入较远的下游河床中。水流在挑射过程中，一方面受到空气的摩擦和阻碍，使得水舌扩散，水流掺气而消减机械能；另一方面当水流落入下游河床后产生冲坑并形成漩滚，使得水流质点产生剧烈的紊动、碰撞和混掺，而消耗大量的机械能。经过上述消能后的水流，再在坑后与下游河床中的水流衔接，这种衔接与消能方

式，称为挑流式衔接与消能。挑流式衔接与消能，一般用于高水头且下游地质条件较好时泄水建筑物的消能。

3. 面流式衔接与消能

当下游水深较深且较稳定时，在泄水建筑物的末端设置水平或仰角较小的导流坎，将高速下泄的水流导向下游水流的表面，如图 6-3 所示。在河床与表面高速水流之间形成漩滚区，把主流与河床隔开，以减轻水流对河床的冲刷。然后主流在铅直方向扩散，并与下游河床中的水流衔接。其消能主要是在底部漩滚和高速主流扩散的过程中实现的。因为这种衔接与消能型式，其高速主流位于下游水流的表面，所以称为面流式衔接与消能。

本章只介绍底流式衔接与消能中最基本的型式及其水力计算任务与方法，对于其它型式的衔接与消能方式不作详细介绍。实际应用时可参考有关的水力学教材或水力计算手册。

二、底流式衔接与消能的工程措施

为了在泄水建筑物的下游较短距离内产生水跃，形成底流式衔接与消能型式，达到消能的目的，就必须采取有效的工程措施，设法迅速增加建筑物下游的水深。水利工程中，常用的工程措施有以下几种形式：

1. 消力池

在靠近泄水建筑物下游，降低原河床底部高程，形成水池，当下泄水流受到水池末端坎的阻碍后，水深迅速增加，流速迅速减小，在池内形成水跃。这种消力池称为挖深式消力池，简称为消力池，如图 6-4 所示。

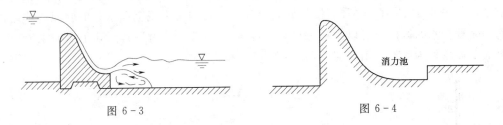

图 6-3   图 6-4

2. 消力坎

在靠近泄水建筑物下游河床上设置挡水坎，使坎前形成消力池，由于消力坎的阻碍作用，使坎前池内水深迅速增加，在坎前形成水跃。这种型式的消能措施称为消力坎式消力池，简称为消力坎，如图 6-5 所示。

3. 综合式消力池

当地质或施工条件受到限制，有时修建消力池和消力坎均不适宜，可以将两者结合起来修建成综合式消力池，以增加下游水深，池内形成水跃。这样的消能措施称为综合式消力池，如图 6-6 所示。

消力池和消力坎，是实际工程中最普通的底流式衔接与消能措施，其水力计算方法是底流式衔接与消能水力计算的基础，综合式消力池的水力计算方法与消力池或消力坎的水力计算方法是很类似的。本章仅对消力池与消力坎的水力计算任务与方法进行介绍。

146

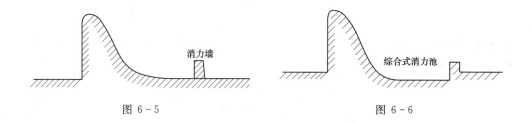

图 6-5   图 6-6

第二节 衔接与消能水跃的选择及
收缩断面水深的计算

一、衔接与消能水跃的选择

由上述已知，各种底流式衔接与消能措施，都要求在池内形成水跃，并利用该水跃进行消能。在第四章中，通过比较下游河渠水深 h_t 及收缩断面水深 h_{co} 的共轭水深 h''_{co}，将水跃分为远离水跃（$h_t < h''_{co}$）、临界水跃（$h_t = h''_{co}$）和淹没水跃（$h_t > h''_{co}$）三种形式。对于底流式衔接与消能措施，既要获得满意的消能效果，又要做到安全、经济，选择适当形式的水跃，作为泄水建筑物下游的衔接与消能水跃是非常重要的。

我们知道，远离水跃和泄水建筑物之间的急流段较长，如果选择这种水跃作为衔接与消能水跃，要避免河床冲刷，则加固段较长，工程量较大，不经济；临界水跃，无论是水跃发生的位置还是消能效果，对工程而言，都是非常理想的，但这种水跃不稳定，如下游水位稍有下降，容易转变为远离水跃，不安全；淹没水跃，其消能效果随水跃淹没程度的增加而减小。因为，如果下游水深 h_t 超过 h''_{co} 越多，水跃的淹没程度就越大，水跃的漩滚将愈被水流压向底部，水流的紊动程度就越弱，消能效果也就越差。

综上所述，考虑到安全、经济以及消能效果等综合因素，采用稍有淹没的水跃作为衔接与消能水跃为宜。这种水跃既保证了一定的消能效果，又不致因下游水位稍有下降而变为远离水跃。为了说明水跃的淹没程度，常用

$$\sigma = \frac{h_t}{h''_{co}} \qquad\qquad (6-1)$$

表示水跃的淹没程度系数。显然，远离水跃 $\sigma < 1$；临界水跃 $\sigma = 1$；淹没水跃 $\sigma > 1$。实际工程中，一般采用淹没程度系数 $\sigma = 1.05 \sim 1.10$ 的水跃作为衔接与消能水跃。

二、收缩断面水深的计算

要判别泄水建筑物下游水流的衔接形式（水跃形式），必须求出泄水建筑物下游收缩断面水深 h_{co} 的共轭水深 h''_{co}，因此必须先计算 h_{co}。

以图 6-7 所示的溢流坝为例，过下游收缩断面最低点作基准面，对 0—0 和 c—c 断面列能量方程，得

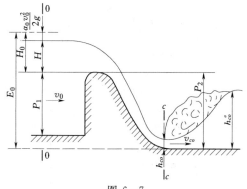

图 6-7

$$E_0 = h_{co} + \frac{Q^2}{2g\varphi^2 A_c^2} \qquad (6-2)$$

对于渠宽为 b 矩形断面河渠，设其单宽流量为 q，以流量 $Q = qb$，收缩断面面积 $A_c = bh_{co}$ 代入上式，即得

$$E_0 = h_{co} + \frac{q^2}{2g\varphi^2 h_{co}^2} \qquad (6-3)$$

上两式中　　E_0——上游断面的总水头；

　　　　　　φ——泄水建筑物的流速系数，$\varphi = 1/\sqrt{\alpha + \zeta}$，其值可由泄水建筑物的形式，参考表 6-1 选取。

表 6-1　　　　　　　　　　泄水建筑物的流速系数 φ 值

建筑物的泄水方式		图　例	φ
堰面光滑的曲线实用堰自由出流	1. 堰面长度较短 2. 堰面长度中等 3. 堰面长度较长		1.00 0.95 0.90
折线型实用堰自由出流			0.80~0.90
平顶坎上自由孔流			0.85~0.95
曲线底坎上自由孔流			0.85~0.95
宽顶堰自由出流			0.85~0.95
无坎平底闸自由孔流			0.95~1.00
无坎跌水处			0.97~1.00

当断面形状、尺寸、流量及流速系数 φ 已知时，应用式（6-2）或式（6-3）即可求得收缩断面水深 h_{co}。

但由于式（6-2）或式（6-3）是 h_{co} 的三次方程，一般需要用试算法求解，也可采用迭代法求解。

由式（6-3）得

$$h_{co} = \frac{q}{\varphi\sqrt{2g(E_0 - h_{co})}} \qquad (6-4)$$

上式即为收缩断面水深 h_{co} 的迭代公式。具体方法是：设初值 h_{co1}，代入式（6-4）计算得 $h_{co2} = q/\varphi\sqrt{2g\ (E_0 - h_{co1})}$。比较 h_{co1} 与 h_{co2} 的大小，若 $h_{co1} \approx h_{co2}$，则取 $h_{co} = h_{co1}$；若 $h_{co1} \neq h_{co2}$，则令 $h_{co1} = h_{co2}$，代入式（6-4）重新计算 h_{co2}。重复上述过程，直到 $h_{co1} \approx h_{co2}$ 为止。实际计算时，一般可取初值 $h_{co1} = 0$ 进行计算。

求得 h_{co} 后，可按水跃求共轭水深的方法取得相应的 h''_{co}，即

$$h''_{co} = \frac{h_{co}}{2}\left(\sqrt{1 + 8\frac{q^2}{gh_{co}^3}} - 1\right) \qquad (6-5)$$

【例 6-1】 在底宽 $b = 8\mathrm{m}$ 的矩形渠道中，有一无侧收缩的宽顶堰。下游堰高 $P_2 = 1.5\mathrm{m}$，流量系数 $m = 0.344$，流量 $Q = 27\mathrm{m}^3/\mathrm{s}$，下游水深 $h_t = 1.2\mathrm{m}$。试分别用试算法和迭代法计算收缩断面水深 h_{co}，并判别该宽顶堰下游水流的衔接形式。

解：（1）计算总水头 E_0

由堰流水力计算的基本公式可得

$$H_0 = \left(\frac{Q}{mb\sqrt{2g}}\right)^{2/3} = \left(\frac{27}{0.344 \times 8 \times \sqrt{2 \times 9.8}}\right)^{2/3} = 1.7\ \mathrm{m}$$

$$E_0 = P_2 + H_0 = 1.5 + 1.7 = 3.2\ \mathrm{m}$$

（2）计算收缩断面水深 h_{co}

1）按试算法求解 h_{co}：

$$q = \frac{Q}{b} = \frac{27}{8} = 3.375\ \mathrm{m}^3/(\mathrm{s} \cdot \mathrm{m})$$

由表 6-1 取流速系数 $\varphi = 0.90$，由式（6-3）得

$$3.2 = h_{co} + \frac{3.375^2}{19.6 \times 0.9^2 \times h_{co}^2} = h_{co} + \frac{0.717}{h_{co}^2}$$

根据上式进行列表试算，见表 6-2。

表 6-2　　　　　　　　　　　收缩断面水深试算表

h_{co}	$0.717/h_{co}^2$	$h_{co} + 0.717/h_{co}^2$
0.50	2.87	3.37
0.51	2.76	3.27
0.52	2.56	3.17
0.517	2.68	3.20

注　表中值单位为 m。

由表中试算的结果知，收缩断面水深：$h_{co}=0.517\mathrm{m}$。

2）按迭代法计算 h_{co}。由迭代公式（6-4），取初值 $h_{co1}=0$，得

$$h_{co2}=\frac{q}{\varphi\sqrt{2g(E_0-h_{co1})}}=\frac{3.375}{0.9\times\sqrt{19.6\times(3.2-0)}}=0.47\mathrm{\ m}$$

令 $h_{co1}=h_{co2}=0.47\mathrm{m}$，再由式（6-4）得

$$h_{co2}=\frac{3.375}{0.9\times\sqrt{19.6\times(3.2-0.47)}}=\frac{0.847}{\sqrt{3.2-0.47}}=0.513\mathrm{\ m}$$

令 $h_{co1}=0.513\mathrm{m}$，得

$$h_{co2}=\frac{0.847}{\sqrt{3.2-0.513}}=0.517\mathrm{\ m}$$

令 $h_{co1}=0.517\mathrm{m}$，得

$$h_{co2}=\frac{0.847}{\sqrt{3.2-0.517}}=0.517\mathrm{\ m}$$

因为 $h_{co1}=h_{co2}=0.517\mathrm{m}$，故 $h_{co}=0.517\mathrm{m}$。

（3）判别下游水流的衔接形式。由式（6-5）得

$$h''_{co}=\frac{h_{co}}{2}\left(\sqrt{1+8\frac{q^2}{gh_{co}^3}}-1\right)$$

$$=\frac{0.517}{2}\times\left(\sqrt{1+8\times\frac{3.375^2}{9.8\times0.517^3}}-1\right)$$

$$=1.87\mathrm{\ m}$$

已知下游水深 $h_t=1.2\mathrm{m}<h''_{co}=1.87\mathrm{m}$，故该宽顶堰下游为远离水跃衔接。

第三节　底流消能的水力计算

当泄水建筑物下游出现远离水跃（$h_t<h''_{co}$）时，需采取有效的工程措施，如修建挖深式消力池或消力坎式消力池等，以确保泄水建筑物的安全运行。消力池及消力坎水力计算的主要任务是计算消力池的池深 d（或消力坎的坎高 c）以及消力池的池长 l_K。

一、消力池的水力计算

（一）消力池池深 d 的计算

如图 6-8 所示的消力池，要使池内形成稍有淹没的水跃，应保证池末水深

$$h_T=\sigma h''_{co} \tag{6-6}$$

式中　σ——水跃的淹没程度系数，一般取 $\sigma=1.05$；

　　　h''_{co}——消力池中发生临界水跃的跃后水深。

由图 6-8 中的几何关系可知

$$h_T=\sigma h''_{co}=h_t+d+\Delta Z \tag{6-7}$$

式中　h_t——下游河床水深；

　　　ΔZ——出池落差。

由式（6-7）得

$$d = \sigma h''_{co} - h_t - \Delta Z \qquad (6-8)$$

为了计算消力池的池深 d，先对上式右边各项的确定方法，分别介绍如下：

（1）下游河床水深 h_t。下游河床水深 h_t 与河床的水力特性有关，可根据河床的实测水文资料，如'水位流量关系曲线'直接查得，也可近似按明渠均匀流求正常水深 h_0 的方法计算 h_t 值。

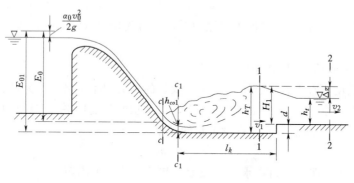

图 6-8

（2）出池落差 ΔZ。如图 6-8 所示，以下游河床底部为基准面，取 $\alpha_1 = \alpha_2 = \alpha$，对 1—1、2—2 断面列能量方程，忽略两断面间的沿程水头损失，两断面间的局部水头损失为 $h_j = \zeta v_2^2 / 2g$，可得

$$H_1 - h_t = (\alpha + \zeta)\frac{v_2^2}{2g} - \frac{\alpha v_1^2}{2g}$$

以 $v_1 = \dfrac{q}{h_T} = \dfrac{q}{\sigma h''_{co}}$，$v_2 = \dfrac{q}{h_t}$，$\varphi_1 = \dfrac{1}{\sqrt{\alpha + \zeta}}$，$\Delta Z = H_1 - h_t$ 代入上式，经整理得

$$\Delta Z = \frac{q^2}{2g}\left[\frac{1}{(\varphi_1 h_t)^2} - \frac{\alpha}{(\sigma h''_{co})^2}\right] \qquad (6-9)$$

式中　φ——消力池出口流速系数，一般取 $\varphi_1 = 0.95$。

因为式（6-9）中，单宽流量 q 及下游河床水深 h_t 均为已知，动能修正系数 α 一般可取为 1.0 或 1.1，故 ΔZ 可求。

（3）临界水跃的跃后水深 h''_{co}。挖池后池中临界水跃的跃后水深 h''_{co}，可根据挖池后的收缩断面水深 h_{co}，用水跃求共轭水深的方法求得。但应注意应用式（6-2）或式（6-3）求解 h_{co} 时，式中的 E_0 应以 $E'_0 = E_0 + d$ 来代替，显然此时 h_{co} 与 h''_{co} 均与池深 d 有关，因此应用式（6-8）求解消力池深度 d 时，必须采用试算法。

为便于试算，取 $\alpha = 1.0$，并将式（6-9）代入式（6-8），经整理得

$$\sigma h''_{co} + \frac{q^2}{2g(\sigma h''_{co})^2} - d = h_t + \frac{q^2}{2g(\varphi_1 h_t)^2} \qquad (6-10)$$

上式右边为已知量，用 A 表示，左边各项均为池深 d 的函数，即可写为

$$f(d) = A \qquad (6-11)$$

确定消力池池深 d，不仅可采用试算法或计算机求解，还可参考有关的计算手册采用图解法求解。

对于 $E_0 < 35\mathrm{m}$，$q < 25\mathrm{m}^3/(\mathrm{s} \cdot \mathrm{m})$ 的中小型工程，若挖池前建筑物下游收缩断面水深 h_{co} 所相应的共轭水深为 h''_{co}，则消力池池深 d 可用下述公式估算：

当下游流速 $v < 3\mathrm{m/s}$ 时

$$d = 1.05h''_{co} - h_t \qquad\qquad (6-12)$$

当下游流速 $v > 3\mathrm{m/s}$ 时

$$d = h''_{co} - h_t \qquad\qquad (6-13)$$

利用式（6-11）试算求解消力池池深时，也可先用式（6-12）、式（6-13）估算池深 d 的初值。

（二）消力池池长 l_K 的计算

消力池的长度不宜太长，也不宜太短，太长的消力池不经济；太短的消力池，水跃容易冲出池外，不安全。试验表明，消力池中淹没水跃的长度比平底明渠中自由水跃的长度要短约 $20\% \sim 30\%$，即消力池中淹没水跃的长度 l_1 为

$$l_1 = (0.7 \sim 0.8)l_j \qquad\qquad (6-14)$$

式中 l_j——为平底明渠中自由水跃的长度，其计算公式见第四章。

设从堰坎到收缩断面的距离为 l_0，消力池长度 l_K 的计算公式可表示为

$$l_K = l_0 + l_1 \qquad\qquad (6-15)$$

几种常见泄水建筑物 l_0 的计算公式如下：

（1）有垂直跌坎的宽顶堰（如图6-9）：

$$l_0 = 4m\sqrt{(P_2 + 0.25H_0)H_0} \qquad\qquad (6-16)$$

式中 m——宽顶堰的流量系数。

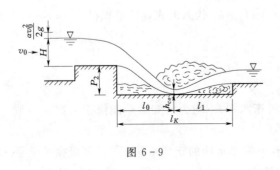 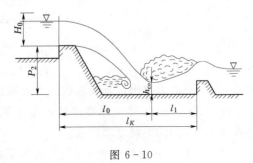

图 6-9   图 6-10

（2）实用堰：

1）曲线型实用堰（如图6-8）：

$$l_0 = 0$$

2）折线型实用堰（如图6-10）：

$$l_0 = 0.3H_0 + 1.65\sqrt{(P_2 + 0.32H_0)H_0} \qquad\qquad (6-17)$$

（3）无坎平底闸孔出流：

$$l_0 = (2 \sim 3)e \qquad\qquad (6-18)$$

式中 e——闸门的开启度。

（三）确定消力池尺寸的设计流量

以上的水力计算均是在流量一定的条件下进行的。但在实际工程中，建好后的消力池却是在一定的流量范围内运行的。要使所设计的消力池在各种不同流量下均能满足要求，这就需要在消力池的运行流量范围内，选择一个适当的流量作为确定消力池尺寸的设计流量。

在消力池的水力计算中，通常以最大池深 d_{max} 所相应的流量作为消力池深度 d 的设计流量 Q_{ds}；以最大池长 $l_{K max}$ 所相应的流量作为消力池长度的设计流量 Q_{dl}。下面分别介绍 Q_{ds} 及 Q_{dl} 的确定方法。

1. 池深设计流量 Q_{ds} 的确定

忽略出池落差 ΔZ，由式（6-8）可见，消力池的池深 d 随（$h''_{co}-h_t$）的增大而增大，也就是说，消力池最大的池深 d_{max} 必然相应于（$h''_{co}-h_t$）的最大值（$h''_{co}-h_t$）$_{max}$。因此，可以在流量 Q 的变化范围内选取几个 Q 值，分别计算出相应于各流量的 h''_{co} 和 h_t，并绘制 $Q\sim$（$h''_{co}-h_t$）关系曲线，如图 6-11 所示。图中（$h''_{co}-h_t$）$_{max}$ 所对应的流量即为 Q_{ds}。

2. 池长设计流量 Q_{dl} 的确定

消力池的长度 l_K 取决于自由水跃长度 l_j，l_j 愈长则 l_K 也就愈长。而自由水跃的长度 l_j 通常是随着下泄流量 Q 的增大而增大的，所以往往采用泄水建筑物的最大下泄流量 Q_{max} 作为消力池长度的设计流量 Q_{dl}。

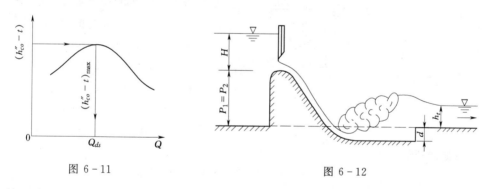

图 6-11　　　　　　　　　　　　　图 6-12

从上述 Q_{ds} 和 Q_{dl} 的确定方法可见，消力池池深 d 的设计流量与消力池池长 l_K 的设计流量并不一定是同一个流量。

【例 6-2】　曲线型实用堰，上、下游堰高 $P_1=P_2=10\text{m}$，堰顶设平面闸门控制流量，如图 6-12 所示。不计行近流速水头的影响，在保证水头 $H=3.2\text{m}$ 不变的条件下，设计允许闸门调节的单宽流量范围为 $q=3\sim12\text{m}^3/(\text{s}\cdot\text{m})$，在流量的变化范围内，$q\sim h_t$ 的关系曲线如图 6-13 所示。试判别是否需采取消能措施，必要时设计一消力池。

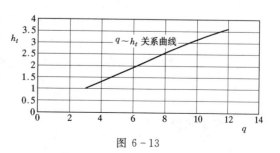

图 6-13

解：（1）判别下游水流的衔接形式。

不计行近流速水头影响，即 $H_0 = H = 3.2\text{m}$，则

$$E_0 = P_2 + H = 10 + 3.2 = 13.2 \text{ m}$$

查表 6-1，取 $\varphi = 0.90$。由公式（6-4），用迭代法可求得各种流量情况下的 h_{co}，再由式（6-5）求得各相应的 h''_{co}，然后由 $q \sim h_t$ 关系曲线查出对应于各流量下的 h_t，并计算相应于各流量下的 $h''_{co} - h_t$。其结果见表 6-3。

由表 6-3 可见，各流量所相应的 $h''_{co} - h_t$ 均大于零，即 $h''_{co} > h_t$，故下游为远离水跃衔接，应采取消能措施，现拟按消力池进行设计。

表 6-3　　　　　　　　　水流衔接及消力池池深设计流量表

q [$\text{m}^3/(\text{s}\cdot\text{m})$]	h_c（m）	ξ_0	h_{co}（m）	h''_{co}（m）	h_t（m）	$h''_{co} - h_t$（m）	备　注
3	0.97	13.61	0.21	2.86	1.01	1.85	
6	1.54	8.57	0.42	3.97	1.92	2.05	$E_0 = 13.2\text{m}$
9	2.02	6.53	0.64	4.79	2.88	1.91	$\varphi = 0.90$
12	2.45	5.39	0.86	5.44	3.62	1.82	

按表 6-3 的计算结果，绘制 $q \sim (h''_{co} - h_t)$ 关系曲线，如图 6-14 所示。

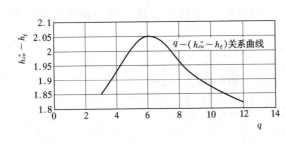

图 6-14

由图 6-14 查得，相应与 $(h''_{co} - h_t)_{\max} = 2.05\text{m}$ 的流量 $q = 6\text{m}^3/(\text{s}\cdot\text{m})$ 即为消力池池深的设计流量 q_{ds}。相应于 $q_{ds} = 6\text{m}^3/(\text{s}\cdot\text{m})$ 的各水深 $h_{co} = 0.42\text{m}$，$h''_{co} = 3.97\text{m}$，$h_t = 1.92\text{m}$。

（2）计算消力池的池深 d：

取 $\sigma = 1.05$，因 $E_0 < 35\text{m}$，$q < 25\text{m}^3/(\text{s}\cdot\text{m})$，$v_t = q_{ds}/h_t = 6/1.92 = 3.13\text{m/s} > 3\text{m/s}$，可先由式（6-13）估算消力池池深初值：

$$d = h''_{co} - h_t = 3.97 - 1.92 = 2.05 \text{ m}$$

设 $d = 2.00\text{m}$，则

$$E_{01} = E_0 + d = 13.2 + 2.00 = 15.20 \text{ m}$$

由迭代公式（6-4）得

$$h_{co1} = \frac{q}{\varphi \sqrt{2g(E_{01} - h_{co1})}}$$

$$= \frac{6}{0.9 \times \sqrt{19.6 \times (15.2 - h_{co1})}}$$

$$= \frac{1.506}{\sqrt{15.2 - h_{co1}}}$$

用迭代法解上式得

$$h_{co1} = 0.391 \text{ m}$$

154

由式（6-5）得

$$h''_{co1} = \frac{h_{co1}}{2}\left(\sqrt{1+8\frac{q^2}{gh_{co1}^3}}-1\right)$$

$$= \frac{0.391}{2}\times\left(\sqrt{1+8\times\frac{6^2}{9.8\times0.391^3}}-1\right)$$

$$= 4.14\ \text{m}$$

由式（6-9）得

$$\Delta Z = \frac{q^2}{2g}\left[\frac{1}{(\varphi_1 h_t)^2}-\frac{\alpha}{(\sigma h''_{co1})^2}\right]$$

$$= \frac{6^2}{2\times9.8}\left[\frac{1}{(0.95\times1.92)^2}-\frac{1}{(1.05\times4.14)^2}\right]$$

$$= 0.455\ \text{m}$$

由式（6-8）得

$$d = \sigma h''_{co1}-h_t-\Delta Z$$

$$= 1.05\times4.14-1.92-0.455$$

$$= 1.972\ \text{m}$$

$$\approx 2.00\ \text{m}$$

计算结果与原假设结果很接近，故取池深 $d=2.00\text{m}$。

（3）计算消力池的池长 l_K：

消力池池长的设计流量 $q_{dl}=q_{\max}=12\text{m}^3/(\text{s}\cdot\text{m})$。

由式（6-4）得

$$h_{co1} = \frac{q_{\max}}{\varphi\sqrt{2g(E_{01}-h_{co1})}}$$

$$= \frac{12}{0.9\times\sqrt{19.6\times(15.2-h_{co1})}}$$

$$= \frac{3.012}{\sqrt{15.2-h_{co1}}}$$

用迭代法解得

$$h_{co1}=0.794\ \text{m}$$

由式（6-5）得

$$h''_{co1} = \frac{h_{co1}}{2}\left(\sqrt{1+8\frac{q^2}{gh_{co1}^3}}-1\right)$$

$$= \frac{0.794}{2}\times\left(\sqrt{1+8\times\frac{12^2}{9.8\times0.794^3}}-1\right)$$

$$= 5.70\ \text{m}$$

由式（4-22）得自由水跃长度

$$l_j = 6.9(h_2-h_1) = 6.9(h''_{co1}-h_{co1}) = 6.9\times(5.70-0.794) = 33.85\ \text{m}$$

由式（6-14）得，取淹没水跃长度

$$l_1 = 0.75 l_j = 0.75 \times 33.85 = 25.4 \text{ m}$$

因 $l_0 = 0$，由式（6-15）得消力池的池长

$$l_K = l_0 + l_1 = l_1 = 25.4 \text{ m}$$

实际工程中，取池长 $l_K = 25\text{m}$。

二、消力坎的水力计算

消力坎式消力池的池长与挖深式消力池池长的计算方法相同，下面主要介绍消力坎高度 c 的水力计算方法。

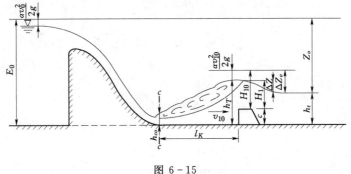

图 6-15

如图 6-15 所示的消力坎，要使池内形成稍有淹没的水跃，消力坎的坎前水深必须满足

$$h_T = \sigma h''_{co} \tag{6-19}$$

消力坎的坎顶水头用 H_1 表示，由图 6-15 中的几何关系可知

$$h_T = c + H_1 \tag{6-20}$$

将上式代入式（6-19），得消力坎的坎高

$$c = \sigma h''_{co} - H_1 \tag{6-21}$$

因在判别泄水建筑物下游水流的衔接形式时，h''_{co} 已经求出，故只要确定坎顶水头 H_1 后，即可由式（6-21）求得消力坎的坎高 c。为求得消力坎的坎顶水头 H_1，将消力坎看成为一种折线型实用堰，对于矩形河渠，取 $\alpha_{10} = \alpha$，有

$$H_1 = H_{10} - \frac{\alpha v_{10}^2}{2g} = H_{10} - \frac{\alpha q^2}{2g(\sigma h''_{co})^2} \tag{6-22}$$

由实用堰的水力计算公式，可得坎顶全水头

$$H_{10} = \left(\frac{q}{\sigma_{ck} m_k \sqrt{2g}} \right)^{2/3} \tag{6-23}$$

式中　σ_{ck}——消力坎的淹没系数；

　　　m_k——消力坎的流量系数，一般取 $m_k = 0.42 \sim 0.44$。

试验表明，当 $h_s / H_{10} \leqslant 0.45$ 时，消力坎为自由出流；当 $h_s / H_{10} > 0.45$ 时，消力坎为淹没出流，σ_{ck} 值可由表 6-4 查得。

表 6-4 　　　　　　　　　　　　消力坎淹没系数 σ_{ck} 值

h_s/H_{10}	≤0.45	0.50	0.55	0.60	0.65	0.70	0.72	0.74	0.76	0.78
σ_{ck}	1.00	0.990	0.985	0.975	0.960	0.940	0.930	0.915	0.900	0.885
h_s/H_{10}	0.80	0.82	0.84	0.86	0.88	0.90	0.92	0.95	1.00	
σ_{ck}	0.865	0.845	0.815	0.785	0.750	0.710	0.651	0.535	0.000	

将式（6-23）代入式（6-22），得

$$H_1 = \left(\frac{q}{\sigma_{ck} m_k \sqrt{2g}}\right)^{2/3} - \frac{\alpha q^2}{2g(\sigma h''_{co})^2} \qquad (6-24)$$

由于消力坎的坎顶水头 H_1 与淹没系数 σ_{ck} 有关，而 σ_{ck} 又与坎高 c 有关，所以用式（6-21）不能直接求得坎高 c，而必须采用试算法求解。

为便于试算，取 $\alpha=1.0$，且将式（6-24）代入式（6-21），经整理得

$$c + \left(\frac{q}{\sigma_{ck} m_k \sqrt{2g}}\right)^{2/3} = \sigma h''_{co} + \frac{q^2}{2g(\sigma h''_{co})^2} \qquad (6-25)$$

上式右边为已知量，用 B 表示，左边各项均为坎高 c 的函数，即可写为

$$f(c) = B \qquad (6-26)$$

确定消力坎高度 c，既可用试算法或计算机求解，也同样可参考有关的计算手册采用图解法求解。

应该指出，求出消力坎的坎高 c 后，还应进行消力坎后水流衔接形式的判别，如果在消力坎后仍出现远离水跃，则应考虑在下游建第二道消力坎，或改用其它形式的消能措施。

【例 6-3】　其它水力条件与例 6-2 相同。但因需要，在最大下泄流量 $q=12\text{m}^3/(\text{s} \cdot \text{m})$ 时，要求下游河床水深 $h_t=4.50\text{m}$。如必要，试设计一消力坎。

解：（1）判别下游水流的衔接形式。已知下游河床水深 $h_t=4.50\text{m}$，通过［例 6-2］的计算已知，当 $q=12\text{m}^3/(\text{s} \cdot \text{m})$ 时，$h''_{co}=5.44\text{m}$。因 $h''_{co}=5.44\text{m} > h_t=4.50\text{m}$，下游发生远离水跃，故需采取消能措施，现拟建消力坎。

（2）计算消力坎的坎高 c：

1）先按自由出流考虑：

取 $\sigma_{ck}=1.0$，$m_k=0.42$，$\sigma=1.05$，由式（6-25）得

$$c = \sigma h''_{co} + \frac{q^2}{2g(\sigma h''_{co})^2} - \left(\frac{q}{\sigma_{ck} m_k \sqrt{2g}}\right)^{2/3}$$

$$= 1.05 \times 5.44 + \frac{12^2}{2 \times 9.8(1.05 \times 5.44)^2} - \left(\frac{12}{1.0 \times 0.42 \times \sqrt{2 \times 9.8}}\right)^{2/3}$$

$$= 2.47 \text{ m}$$

2）校核出坎水流是否为自由出流：

$$h_s = h_t - c = 4.50 - 2.47 = 2.03 \text{ m}$$

$$H_{10} = \left(\frac{q}{\sigma_{ck} m_k \sqrt{2g}}\right)^{2/3} = \left(\frac{12}{1.0 \times 0.42 \times \sqrt{2 \times 9.8}}\right)^{2/3} = 3.47 \text{ m}$$

因为 $h_s/H_{10}=2.03/3.47=0.585>0.45$，所以消力坎的出坎水流并不是自由出流，而是淹没出流。故在消力坎的坎高计算时，应考虑淹没系数 σ_{ck} 的影响，重新计算坎高。

3）采用试算法计算坎高 c：

设坎高 $c=2.50\text{m}$，有

$$
\begin{aligned}
H_{10} &= \sigma h''_{co} + \frac{q^2}{2g(\sigma h''_{co})^2} - c \\
&= 1.05 \times 5.44 + \frac{12^2}{2 \times 9.8 \times (1.05 \times 5.44)^2} - c \\
&= 5.937 - c \\
&= 5.937 - 2.50 \\
&= 3.437\ \text{m}
\end{aligned}
$$

$$
\frac{h_s}{H_{10}} = \frac{h_t - c}{H_{10}} = \frac{4.50 - 2.50}{3.437} = 0.582
$$

由 h_s/H_{10} 查表 6-4 得 $\sigma_{ck}=0.971$

$$
\begin{aligned}
q' &= \sigma_{ck} m_k \sqrt{2g} H_{10}^{3/2} \\
&= 1.859 \sigma_{ck} H_{10}^{1.5} \\
&= 0.971 \times 1.859 \times 3.437^{1.5} \\
&= 11.5\ \text{m}^3/(\text{s}\cdot\text{m}) \neq q = 12\ \text{m}^3/(\text{s}\cdot\text{m})
\end{aligned}
$$

因 $q' \neq q$，应重设坎高 c，依以上方法重新计算相应的流量 q'，直到 $q'=q$ 为止。

为减少试算次数，一般可先假设几个坎高 c，再计算出相应的流量 q'，并作出 $c \sim q'$ 关系曲线，然后由已知流量 q 在 $c \sim q'$ 关系曲线上查出所求的坎高 c，具体计算见表 6-5。

表 6-5　　　　　　　　　　　消力坎高度 c 计算表

c (m)	$h_s = t - c$ (m)	$H_{10} = 5.937 - c$ (m)	h_s/H_{10}	σ_{ck}	$q' = 1.859 \sigma_{ck} H_{10}^{1.5}$ [$\text{m}^3/(\text{s}\cdot\text{m})$]
2.50	2.00	3.437	0.582	0.971	11.50
2.30	2.20	3.637	0.605	0.975	12.57
2.60	1.90	3.337	0.569	0.969	10.98

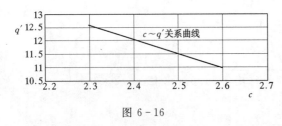

图 6-16

根据表 6-4 中的计算结果，作 $c \sim q'$ 关系曲线，如图 6-16 所示。由图 6-16 查得当 $q=12\text{m}^3/(\text{s}\cdot\text{m})$ 时，消力坎的坎高 $c=2.4\text{m}$。因出坎为淹没溢流，不必再校核水流衔接形式。

（3）计算消力坎的池长 l_K。由［例 6-2］计算已知，当流量 $q=12\text{m}^3/(\text{s}\cdot\text{m})$ 时，相应的 $h_{co}=0.86\text{m}$，$h''_{co}=5.44\text{m}$，故泄水建筑物下游自由水跃的跃长为

$$
l_j = 6.9(h_2 - h_1) = 6.9(h''_{co} - h_{co}) = 6.9 \times (5.44 - 0.86) = 31.6\ \text{m}
$$

按式（6-14），取淹没水跃长度为

$$l_1 = 0.75 l_j = 0.75 \times 31.6 = 23.7 \text{ m}$$

已知 $l_0 = 0$，由式（6-15）得池长为

$$l_K = l_0 + l_1 = l_1 = 23.7 \text{ m}$$

实际工程中，取池长 $l_K = 24\text{m}$。

习　题

6-1　在什么情况下泄水建筑物下游应采取消能措施？常见的衔接与消能方式有哪几种基本类型？

6-2　什么叫底流消能？底流消能主要是靠什么来消耗水流机械能的？

6-3　"淹没水跃的消能效果最好，所以实际工程中总是选择淹没水跃作为消能水跃"，这种说法对吗？为什么？

6-4　消力池与消力坎的水力计算主要有哪些异同点？

6-5　某矩形河床上建有一溢流坝，河宽 $b = 30\text{m}$，下泄流量 $Q = 273\text{m}^3/\text{s}$，上下游坝高 $P_1 = P_2 = 13\text{m}$，若流量系数 $m = 0.45$，流速系数 $\varphi = 0.95$，在下游水深分别为 $h_t = 7.5\text{m}$ 和 $h_t = 2.8\text{m}$ 两种情况下，试判别溢流坝下游水流的衔接形式。

6-6　在矩形平底明渠上建有一折线型溢流坝，上下游坝高 $P_1 = P_2 = 6.6\text{m}$，下泄单宽流量 $q = 6.25\text{m}^3/(\text{s} \cdot \text{m})$，下游渠中水深 $h_t = 3\text{m}$，流量系数 $m = 0.40$，流速系数 $\varphi = 0.90$。试判别该溢流坝下游是否需采取消能措施，如需要，设计一消力池。

6-7　在水力条件与上题相同的情况下，改用消力坎消能，试确定消力坎的坎高和池长。

6-8　如题 6-8 图所示的跌水，进口处设有平面闸门。已知流量 $Q = 10\text{m}^3/\text{s}$，跌坎高度 $P = 3\text{m}$，闸前水头 $H = 1.6\text{m}$，行近流速 $v_0 = 1.0\text{m/s}$，下游渠道为矩形断面，渠宽 $b = 3.8\text{m}$，渠中水深 $h_t = 1.5\text{m}$，试分别设计消力池及消力坎。

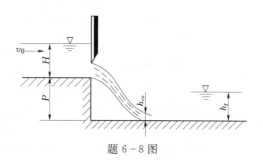

题 6-8 图

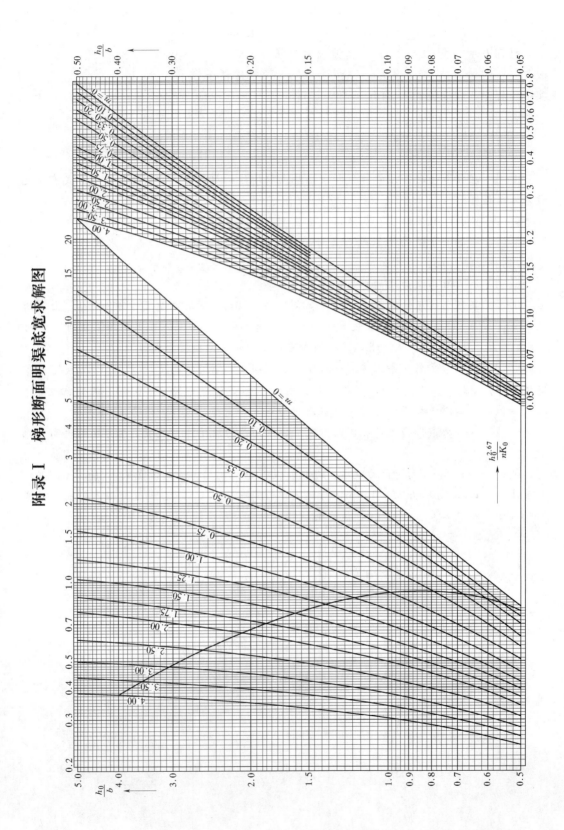

附录Ⅰ　梯形断面明渠底宽求解图

附录 Ⅱ　梯形断面明渠正常水深求解图

$\dfrac{h_0}{b}$

$\dfrac{h_0}{b}$

$\dfrac{b^{2.67}}{nK_0}$

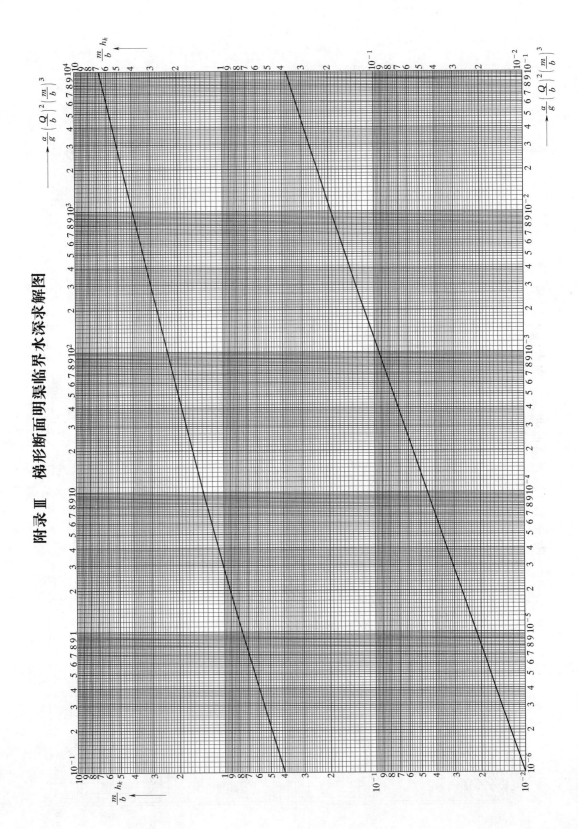

附录Ⅲ 梯形断面明渠临界水深求解图

附录 Ⅳ 梯形断面明渠共轭水深

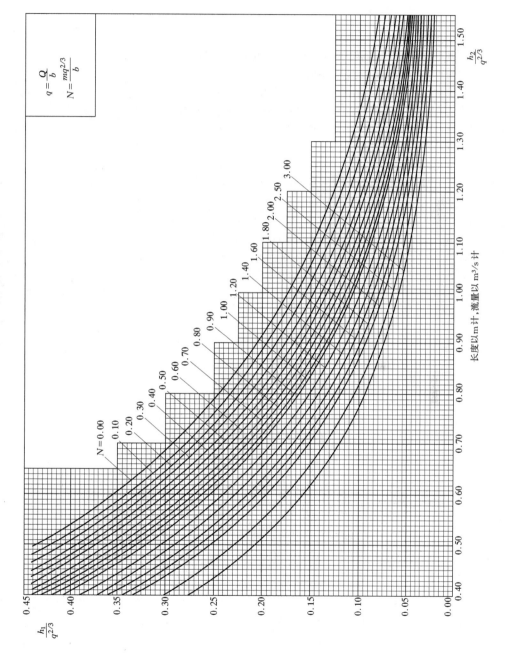

$$q = \frac{Q}{b}$$
$$N = \frac{mq^{2/3}}{b}$$

长度以 m 计，流量以 m³/s 计

$\frac{h_1}{q^{2/3}}$

$\frac{h_2}{q^{2/3}}$

N = 0.00
0.10
0.20
0.30
0.40
0.50
0.60
0.70
0.80
0.90
1.00
1.20
1.40
1.60
1.80
2.00
2.50
3.00

163

主 要 参 考 文 献

1 李序量主编．水力学（第三版）．北京：水利电力出版社，1991
2 刘智均主编．水力学．北京：中国水利水电出版社，1994
3 丁新求主编．水力学习题集．北京：中国水利水电出版社，1994
4 刘纯义，张耀先主编．水力学．北京：中国水利水电出版社，2001
5 吴桢祥，杨玲霞，李国庆，孙东坡编著．水力学．北京：气象出版社，1994
6 许荫椿，胡德保，薛朝阳．主编．水力学（第三版）．北京：科学出版社，1990
7 吴持恭主编．水力学（第二版）．北京：高等教育出版社，1982
8 徐正凡主编．水力学．北京：高等教育出版社，1986